“十三五”国家重点研发计划项目(2017YFC0804100、2016YFC0501100)资助
“十二五”国家科技支撑计划项目(2012BAC10B03)资助
中国煤炭科工集团科技创新基金项目(2013ZD002-2)资助
中国煤炭科工集团西安研究院有限公司科技创新基金项目(2014MS009、2018XAYMS03)资助
煤炭开采水资源保护与利用国家重点实验室开放基金项目(SHJT-16-30.9)资助

陕蒙煤炭开采地下水环境系统扰动及评价

赵春虎　虎维岳　靳德武　著

中国矿业大学出版社

内容简介

本书以位于我国西部陕西省与内蒙古自治区接壤地区的陕北和神东煤炭能源基地为研究对象，采用水文地质调查、理论分析、实验室测试、计算机模拟等方法，在系统分析陕蒙煤炭开采区水、煤、环赋存及煤炭开发特征的基础上，提出西部干旱、半干旱矿区地下水环境系统的概念，揭示煤炭资源开发对地下水环境系统的扰动机理，提出地下水环境系统扰动的定量评价方法与表征扰动程度的评价指标，并从煤炭资源的科学开发、矿井水资源化和水资源科学管理三个方面对“控水采煤”技术进行了初步讨论。本书成果旨在正确认识煤矿开采对地下水的扰动机制及其影响程度，为我国西部干旱矿区煤-水资源合理开发、科学管控、制度建设提供技术支持和决策依据。

本书可作为水文与水资源工程、采矿工程、地质工程、环境工程等学科研究人员、专业技术人员和生产管理者的参考书，还可作为高校相关专业师生的学习用书。

图书在版编目(CIP)数据

陕蒙煤炭开采地下水坏境系统扰动及评价/赵春虎，虎维岳，靳德武著. —徐州：中国矿业大学出版社，2018.6

ISBN 978-7-5646-3988-4

Ⅰ. ①陕… Ⅱ. ①赵… ②虎… ③靳… Ⅲ. ①煤矿开采—扰动—地下水—环境系统—研究—陕西②煤矿开采—扰动—地下水—环境系统—研究—内蒙古 Ⅳ. ①TD82 ②TV213.4

中国版本图书馆 CIP 数据核字(2018)第 116796 号

书　　名	陕蒙煤炭开采地下水环境系统扰动及评价
著　　者	赵春虎　虎维岳　靳德武
责任编辑	黄本斌
出版发行	中国矿业大学出版社有限责任公司 (江苏省徐州市解放南路　邮编 221008)
营销热线	(0516)83885307　83884995
出版服务	(0516)83885767　83884920
网　　址	http://www.cumtp.com　**E-mail**:cumtpvip@cumtp.com
印　　刷	徐州中矿大印发科技有限公司
开　　本	787×1092　1/16　**印张** 11　**字数** 222 千字
版次印次	2018 年 6 月第 1 版　2018 年 6 月第 1 次印刷
定　　价	30.00 元

(图书出现印装质量问题，本社负责调换)

前　言

陕北与神东规模化煤炭资源开发基地位于我国西北干旱地区，年降雨量仅为350 mm，蒸发量却达到2 450 mm，地表水资源匮乏，生态环境脆弱，唯一具有供水意义和重要生态价值的含水层位于侏罗纪煤层之上的松散孔隙含水层，在矿区规模化、高强度的开发过程中已出现了地下水水位下降、泉水干涸、河流基流锐减、荒漠化加剧等一系列环境地质问题，严重制约着我国西部煤炭工业“安全、持续、绿色、生态”的可持续发展战略，越来越受到国家与社会的广泛关注。

煤炭资源规模化开采对地下水环境的影响是多方面的。本书以水文地质学、采矿工程学、生态环境学等有关理论为基础，综合应用水文地质野外调查、实验室模拟与测试、计算机数值计算分析等研究方法，将煤矿开采覆岩变形损伤与地下水系统时空动态响应结合，对矿区水、煤、环的时空赋存特征、煤炭资源开发对地下水环境系统扰动机制以及地下水环境系统扰动的定量评价技术进行系统研究，旨在正确认识煤矿开采对地下水环境的扰动机制及其影响程度，为我国西部生态脆弱区煤-水资源的合理开发、综合开发和科学管理提供科学的、具有可操作性的决策依据和技术路线。

本书是作者近年来一直从事矿区水环境保护相关方面咨询工作和科研成果的总结，希望在推动我国煤炭资源的绿色开发方面起到一定的积极作用。全书共分10章，第1章阐述了研究背景、目的及意义，总结了国内外相关研究现状及其存在的主要问题；第2章主要分析了矿区水、煤、环赋存及煤炭开发特征方面；第3～5章阐述了煤炭开采区地下水环境系统的概念及其内涵，重点通过理论分析、实验室测试、模拟计算等手段，揭示了地下水环境系统的扰动机制，提出了通过数值模拟来定量评价系统扰动程度的具体方法和技术思路；第6～8章通过矿区实际案例，定量研究了三种不同地下水环境系统的扰动程度；第9章根据地下水环境系统的类型对煤炭开采区进行了“控水采煤”分区，针对不同地下水环境系统分区，从煤炭资源科学开发、矿井水资源化与优化配置三个方面对“控水采煤”进行了初步探讨；第10章总结了本书主要结论与创新，探讨了本研究存在的不足及以后需要进一步深入研究的方面和问题。

在本书撰写过程中，从研究思路的形成到研究方法和技术路线的确定，得到了中国煤炭科工集团西安研究院有限公司董书宁研究员的及时启发与悉心指正;特别感谢“十二五”国家科技支撑计划项目“晋陕蒙接壤区煤炭资源开发对区域水资源系统的影响规律与调控技术”(2012BAC10B03)为本书撰写积累了大量材料;感谢“十三五”国家重点研发计划项目(2017YFC0804100、2016YFC0501100)等基金项目给予本书的出版支持;感谢刘其声研究员、王新研究员、杨建研究员、王皓研究员、姬亚东研究员、曹海东副研究员、赵宝峰副研究员、张文忠副研究员、刘洋副研究员、何渊副研究员,中国矿业大学孙强教授及其他专家、学者和工程技术人员的指导和帮助,同时也参考了大量国内外同行的学术与工作成果,在此一并表示感谢。

由于作者水平有限,书中难免存在疏漏与不足之处,敬请广大读者批评指正。

作　者

2017 年 4 月

目　录

1 绪 论

1.1 研究背景及意义

随着我国东部煤炭资源面临枯竭，煤炭西进战略已成现实。当前，煤炭基地分布与生态环境容量和水资源丰富度呈逆向分布之势，国家重点建设和规划建设的14个现代化大型煤炭生产基地(98个矿区)主要集中在我国西部生态环境脆弱、水土流失严重、降水量稀少、水资源量最为匮乏的晋、陕、蒙、宁、新地区，未来10年我国西部地区煤炭产量占比将超过全国的70%，其中主要开发位于陕西省与内蒙古自治区接壤地区煤炭资源厚度大、储量丰富的侏罗纪煤田，该地区煤炭资源以大规模、高强度、高效、高回收率的开采特征被合称为现代煤炭开采区[1]，是我国煤炭主要的生产基地。

目前，在西部侏罗纪煤田内已建设有陕北和神东两大亿吨级能源基地，如图1-1所示，主要包括已规模化、现代化生产的神东矿区(榆神矿区和神府矿区)和建设中的榆横(北区与南区)、呼吉尔特、新街和纳林河等矿区。基地内多采用高回收率的现代化开采工艺，与传统开采技术方法相比，该工艺具有开采面积大、采高大、采空区面积大等特点，其一般工作面年产量在1×10^7 t以上[2]，2014年煤炭产量达到4亿t。

地下水环境是连接地质环境与生态环境的桥梁，具有极其重要的生态功能。陕蒙现代煤炭开采区在规模化、高强度的煤炭资源开发过程中不可避免地对地下水环境造成了影响或破坏。据调查，以研究区中部的榆神矿区为例，矿区煤炭产量与矿井排水量关系密切，每生产1 t煤产生1～4.2 m^3矿井排水，平均吨煤排水系数为1.2 m^3/t[3]，按照2014年神东矿区3亿t煤炭产量计算，即产生矿井排水约3.6亿m^3，但是矿区矿井水资源化利用率仅为20%左右，因此损失的地下水水量达3亿m^3[3]。

陕北与神东规模化煤炭资源开发基地地处我国西北干旱地区，年降雨量仅为350 mm，蒸发量却达到2 450 mm，地表水资源匮乏，唯一具有供水意义和重要生态价值的含水层位于侏罗纪煤层之上的松散孔隙含水层[4-5]，因此松散层地下水更显得弥足珍贵。在陕蒙现代煤炭开采区规模化、高强度的开发过程中已

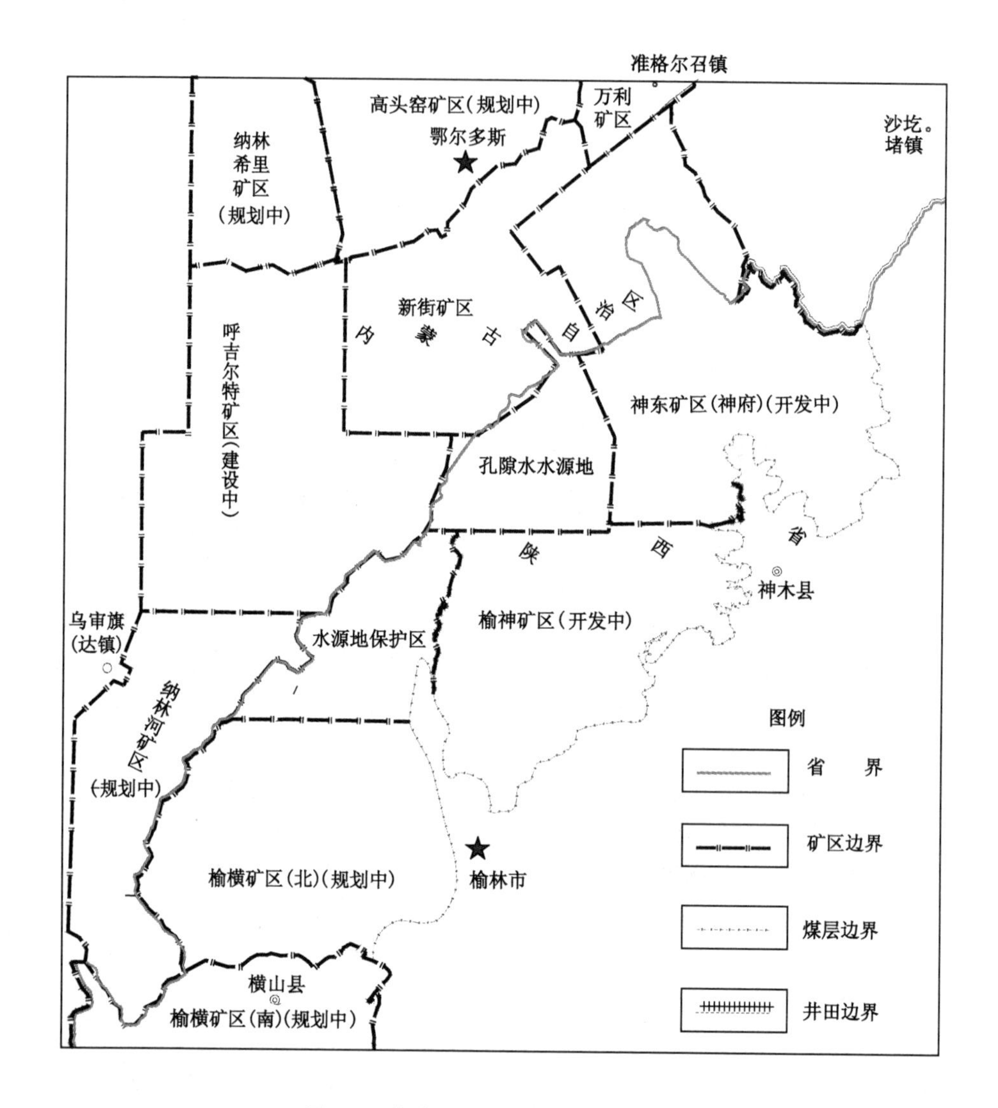

图 1-1　蒙陕接壤区煤炭开发区分布图

出现了地下水水位下降、泉水干涸、河流基流锐减、荒漠化加剧等一系列环境地质问题[6-7]，严重制约着我国西部煤炭工业“安全、持续、绿色、生态”的可持续发展战略，越来越受到国家与社会的广泛关注。

《国家中长期科学和技术发展规划纲要(2006～2020 年)》中将能源、水资源和环境保护技术列为优先发展的方向。2013 年国务院印发的《能源发展“十二五”规划》明确提出积极推广保水开采技术的要求。2014 年国家发展和改革委员会发布的《国家重点基础研究发展计划和重大科学研究计划 2015 年度项目申报指南》中将“我国西部生态脆弱区煤炭科学规模开发与水资源保护”列为重点支持方向。2015 年 10 月,在《中共中央关于制定国民经济和社会发展第十三个五年规划的建议》的报告中,提出了“创新、协调、绿色、开放、共享的发展理念”,对提高我国经济发展绿色水平提出了具体要求。2015 年 12 月,国家环境保护部发布的《现代煤化工建设项目环境准入条件(试行)》,明确提出“环境优先、合理布局、环保示范、源头控制、风险可控”的煤化工建设的准入准则,以及“项目取水不得挤占生态用水”,“不得因取水导致水环境承载能力超载”的项目建设要求。因此,我国煤炭资源开发已从 20 世纪 80 年代的“高产高效”、90 年代的“安全高效”向目前提倡的“绿色高效”的方针转变,煤炭开采与地下水环境保护问题提升到前所未有的高度。

煤炭资源规模化开采对地下水环境的影响是多方面的,本书以水文地质学、采矿工程学、生态环境学等有关理论为基础,综合应用水文地质野外调查、实验室模拟与测试、计算机数值计算分析等研究方法,将采矿覆岩变形损伤与地下水系统时空动态响应结合,对陕蒙煤炭开采区水、煤、环的时空赋存特征、煤炭资源开发对地下水环境系统扰动机制以及地下水环境系统扰动的定量评价技术进行系统研究,旨在正确认识煤矿开采对地下水环境的扰动机制及其影响程度,为我国西部生态脆弱区煤-水资源的合理开发、综合开发和科学管理提供科学的、具有可操作性的决策依据和技术路线。

1.2 国内外研究现状

国内外针对煤炭资源开发与地下水环境问题的研究角度较为不同。国际上随着煤炭在能源领域的统治地位被石油所取代,矿区水污染评价、矿井水的处理与再利用等问题是采煤与地下水环境的主要研究方向[8-9]。而我国以煤炭为基础能源的现实情况,决定煤炭开发和地下水相关研究是以矿井防治水为研究基础的,主要体现在顶板水害防治(水体下安全采煤)、水资源保护性煤炭开采(保水采煤)和采煤对地下水资源影响评价三个方面。

1.2.1 水体下安全采煤

常见的水体有地表水(江河湖海、水库、坑塘、洪水和地面下沉盆地积水等)和地下水(松散层水、砂岩水、烧变岩水和采空区积水等)两大类,而在上述水体下根据水体类型和具体地质条件通过留设防隔水煤(岩)柱或者疏干水体的方法来保障矿井安全的开采活动,即为水体下安全采煤。从保障采掘活动的安全角度来讲,一般认为采动覆岩裂缝不突破或不沟通上覆含水层即可实现水体下安全采煤,因而其实质属于顶板水害防治问题,可见覆岩导水裂缝发育规律是水体下安全采煤研究的主要方面。

国外在水体下采煤的历史已经有 400 多年。早在 1575 年苏格兰就已经开展了海下采煤实践，之后海下煤炭资源开发陆续开展，如英国的北海和爱尔兰海、加拿大的新苏格兰海、日本的九州和土耳其科兹卢的黑海下等。1968 年英国颁布了《海下采煤条例》，规定在石炭纪含煤地层总厚度超过 60 m 和煤层上覆基岩厚度大于 105 m 时才允许井下开采。加拿大针对开采深厚比和煤层覆岩岩性与厚度(主要是泥岩、页岩和其他不透水岩层)作出规定：在全部采出煤炭时，深厚比不得小于 100，同时覆岩地层中必须赋存不透水岩层。德国采用全面开采法，对大部分采空区进行了充填，成功地在莱茵河下进行了煤层群(开采四层煤)的开采。澳大利亚成功地使用长壁法开采了悉尼港下 884 m 深的煤层，还进行了房柱式湖下开采和水库下开采实践。

国外对采动覆岩裂缝发育高度的预测方法主要有统计学方法、突变论方法，并根据各国煤层开采条件研究与制定相关规程、规范[10-12]。如艾卡特(Eckardt，1913)把岩层移动过程视为各岩层逐渐弯曲的结论；德国专家克拉茨(1961)总结提出了煤矿开采引起地面沉陷的预计方法。20 世纪 70 年代以后，国际上能源基础从煤炭逐渐转变为石油，因此欧洲、美洲等发达地区的煤炭开采业已经没落，英国、德国等普遍实行“煤炭资源进口，开采技术出口”的发展战略。目前，德国 60%以上能源来自进口，政府规划将于 2018 年关闭境内仅剩的 8 处煤矿。英国在 2015 年 7 月关闭了最后一处位于西约克郡的凯灵利煤矿(Kellingley)，标志着始于 300 年前工业革命的英国煤炭工业彻底消失。

综上所述，国外早年主要集中在海、河流、湖泊等水体下安全采煤研究，在 20 世纪 70 年代以后相关理论和实践研究甚少。

我国煤炭资源在各类水体下(地表水、含水层地下水等)压煤量大，煤炭作为我国的基础能源，一直支撑着国民经济的发展，60 多年来，积累了丰富的水体下安全采煤技术和工程实践成果。根据我国经济发展阶段，水体下安全采煤的相关技术研发与实践可以分为三个阶段：20 世纪 60 年代以前，主要开采煤炭资源赋存条件较好的地区，对采动覆岩的变形损伤规律的研究较少，主要从地质灾害的角度出发研究采动覆岩形成的地表沉陷等，分析覆岩的工程地质条件。20 世纪 60～80 年代期间，我国正式开始在各类水体下采煤的工程实践，为适应安全采煤的需求，开展了大量有关采动覆岩裂缝发育规律的研究。采矿学者与技术人员通过系统整理主要矿区的导水裂缝高度现场观测资料以及相关试验研究成果，总结出在不同覆岩类型条件下，采动覆岩垮落带、断裂带高度的相关统计公式，并以此来指导实际生产。20 世纪 80 年代以来，随着国民经济对基础能源需求的不断增长，水体下煤炭资源开发的现实需求加剧，大规模开展了各类水体下(包括含水层下)覆岩导水裂隙带发展规律和防水煤(岩)柱留设等专题性研究，取得了不少突破性进展。其研究特点为：

（1）理论更丰富。开始引入断裂力学、损伤力学、弹塑性力学、流变力学及现代统计数学等理论。如刘天泉等根据采动覆岩变形与导水性能变化特征，将煤层覆岩划分为垮落带、裂隙带和弯曲带的覆岩分带理论，并首次提出了“导水裂隙带”[13]的概念，建立了垮落带与导水裂隙带计算公式，为我国水体下安全采煤理论研究和技术实践奠定了基础；杨伦、于广明等提出了基于岩体弹塑性力学的二次压缩理论[14]；高延法运用数值模拟手段研究了覆岩层及地表移动规律，并从地表沉陷控制角度研究出发提出了破裂带、离层带、弯曲带和松散冲积层带“四带”模型[15]；马庆云提出由采动支承压力控制的覆岩“五带”模型[16]；钱鸣高等根据采动覆岩层结构变化，提出了覆岩层在受开采影响而破断后形成的“砌体梁”力学模型[17]，并在此基础上提出了控制覆岩整体或局部变形的“关键层”理论[18]；宋振骐在进行大量现场观测的基础上，掌握了丰富的矿山压力显现规律，提出了覆岩层运动理论[19]。

（2）内容更深入。在研究煤田地质、工程地质及水文地质条件等原位地质信息的基础上，对采动覆岩形成的附加应力场以及采动过程中导水裂缝的演变规律进行动态分析。钱鸣高等主要从地面沉陷的角度宏观地给出了覆岩受拉伸、压缩变形的区段，以及剪切破坏的断裂面等[20-21]；邓喀中基于断裂力学理论，提出了覆岩体节理对地面沉陷规律的控制效应[22]；许家林等通过现场实际监测与物理相似材料模拟，分析了煤层顶板厚硬岩层对地表沉陷的控制效应[23]；赵经彻等基于内外应力场理论对不同开采条件下“三带”高度、地表沉陷规律、支承应力大小及分布特点进行了研究[24]；崔希民、陈至达以有限变形力学的几何场论为基础，研究了采动覆岩的应变场[25]；凌标灿、蒋伟等研究了松软煤层综放开采后顶、底板的附加应力分布规律[26]；王文学、隋旺华等采用彩色钻孔电视、冲洗液漏失量观测以及岩芯RQD指标等对厚松散含水层下煤层开采15 a后的覆岩裂隙闭合效应进行了研究[27]；刘洋基于西部矿区浅埋煤层顶板垮落特征，通过固液耦合实验对水砂溃涌的运移特征进行了研究，提出了水砂溃涌是否发生的预计公式[28-29]。

（3）方法更全面。在认识采动覆岩变形与破坏现象的同时，综合应用实验室测试、数值分析、现场监测等方法研究其形成机理。如麻凤海等基于离散元法研究了采动覆岩移动规律[30]；崔希民、陈至达依据非线性几何场理论提出了采动覆岩形成导水裂隙带的预测方法[31]；钱鸣高等用离散元模拟了长壁工作面采动覆岩裂隙的“O”形圈分布规律[32]；梁运培、文光才综合运用组合岩梁理论以及有限元数值分析，对顶板岩层“三带”进行了定量划分[33]；黄庆享等运用相似材料精细模拟实验系统，对浅埋煤层开采覆岩裂缝分布规律进行了研究[34-35]；翟所业、张开智应用弹性板理论给出了识别采动覆岩关键层技术方法[36]；张永波、靳钟铭等运用分形几何理论研究了“三带”结构的分形规律[37]；康永华、赵开全等通过现场测试、工程类比等方法，研究了高水压含水层作用下的“两带”发育特征[38]；许延春、刘世奇等采用井下“两带”观测仪现场观测了近距离厚煤层组采动覆岩破坏规律[39]；张宏伟、朱志洁等综合应用大地电磁法和数值模拟法以确定采动覆岩的破坏高度[40]。

(4) 探测技术更先进。较为成熟的覆岩裂缝探测手段主要有：以观测水体漏失量的钻孔冲洗液法[41]、井下仰孔注水测漏法[42]等，以及直接对覆岩裂缝进行观测的钻孔彩色电视法[43-44]、钻孔 CT 等[45]，还有以地球物理探测为基础的超声成像及数字测井法[46]等。近年来，以监测岩石破裂事件的微震探测技术从石油领域已逐步引入采煤覆岩破坏方面，在监测并定位采掘过程中的顶、底板岩体破坏范围取得较好的应用效果[47-49]。

(5) 行业规程、规范更适用。1985 年我国制定了《建筑物、水体、铁路及主要井巷煤柱留设与压煤开采规程》(以下简称《“三下”规程》)，较详细地规定了导水裂隙带在各类条件下的经验公式。2000 年 5 月由煤炭科学研究总院北京开采所刘天泉等专家起草编制，重新修订了《“三下”规程》，归纳总结了适用于分层综采和普采的覆岩“两带”高度计算的经验公式，此规程在相当长的时间内指导着煤炭生产企业水体下安全采煤实践。2000 年以来，随着综合机械化放顶煤开采的技术迅速发展，尤其是陕蒙矿区在大规模、高强度的综放开采条件下对顶板覆岩的破坏更严重，垮落带、裂缝带、弯曲带高度明显增大，实测的“两带”高度往往与《“三下”规程》中理论公式计算的数值差距较大，是由于原公式的应用条件(主要指开采工艺)与我国新时期以综采为主的煤炭开采特征存在较大差别。2010 年，许延春等人结合科研课题实测成果，搜集了国内 40 余个综放开采工作面覆岩“两带”高度实测资料，总结得出了适用于综放开采工作面中硬、软弱覆岩条件下的“两带”高度计算的经验公式[50]。2012 年中国煤炭科工集团相关专家也通过归纳整理，提出了坚硬、中硬、软弱覆岩条件下的“两带”高度计算的经验公式。2013 年，武强、赵苏启、董书宁等专家编制的《煤矿防治水手册》中正式推广了上述经验公式。表 1-1 列出了有关经验公式。

表 1-1　“两带”高度的经验公式(中硬岩层)

项目	采用规程	计算公式	公式来源	适用条件
垮落带	《矿区水文地质工程地质勘探规范》	$H_c = (3 \sim 4)M$	1991 年	分层开采
	《“三下”规程》	$H_c = \dfrac{100\sum M}{4.7\sum M + 19} \pm 2.2$	2000 年	

续表 1-1

项目	采用规程	计算公式	公式来源	适用条件
垮落带	《煤矿防治水手册》	$H_c = \dfrac{100\sum M}{4.9\sum M + 19.12} \pm 4.71$	中国矿业大学（北京）2012	综放开采
	经验公式	$H_c = \dfrac{M}{(K-1)\cos\alpha}$	—	综放开采
导水裂缝带	《矿区水文地质工程地质勘探规范》	$H_f = \dfrac{100M}{3.3n + 3.8} + 5.1$	1991 年	分层开采
	《“三下”规程》	$H_f = \dfrac{100\sum M}{1.6\sum M + 3.6} \pm 5.6$	2000 年	分层开采
	《煤矿防治水手册》	$H_f = \dfrac{100M}{0.26M + 6.88} \pm 11.49$	中国矿业大学（北京）2012	综放开采
	《煤矿防治水手册》	$H_f = 20K_{裂}M$	中煤科工集团唐山研究院 2012	综放开采

备注：H_c—— 最大垮落带高度；H_f—— 最大导水裂缝带高度（包括垮落带最大高度）；$\sum M$—— 累计采厚；n—— 煤分层层数；“±”—— 修正系数，该系数使用与岩层坚硬程度有关，符合极软弱条件的不加不减，不足取加号，超过取减号；α—— 煤层倾角；$K_{裂}$—— 修正系数，一般取 1.2 ～ 1.5。

1.2.2 地下水资源保护性采煤技术

地下水资源保护性采煤，即为“保水采煤”，与水体下安全采煤技术体系上有很多相同点。水体下安全采煤要求针对可能存在的水害采取具体的防治水措施（工程设计和施工），以保障采掘活动安全为目的。水资源保护性开采则提出更高的要求，即在煤炭资源安全回采的同时，采用适宜的技术手段，减少对目标含水层的破坏，是以保护地下水资源量为目的。

20 世纪 70 年代以后，欧美等发达国家的采矿业已经衰落，走的是“先污染，后治理”的路线，近年来主要以矿区水污染评价、矿井水的处理与再利用等问题为主要研究方向[51-53]。美国煤炭资源丰富，但美国矿业管理部门（如 OSM——露天煤矿管理办公室）一般不会批准水文地质条件相对复杂和对地下水环境存在较大影响的采矿工程，而且矿业局、土地管理局和环境保护署等部门针对煤矿开采前后的环境生态安全进行有效监管[54-55]，学术与技术研究的重点集中在关闭矿井污染治理技术的研发，以及开采过程中水资源的保护问题的立法和技术探讨[56-57]。德国和法国等大多通过采前预先疏放含煤地层地下水来减少采煤过程中的矿井淋、排水量，造成了石炭系含煤地层地下水位大幅度下降，以致对矿区的生产生活供水带来较大影响，由此引发国内对地下水保护带、实行水权管理与级差水价相关问题的广泛讨论[58-59]。俄罗斯在防治水的基础上着力于矿井水的综合利用，将矿井水或处理后的矿井水用于生活供水、工业发电、防尘、水力充填和水力采煤等方面的用水，并大力推广地下水污染防治的工程、地下水水质的监测预报等措施以控制地下水污染[60-63]。综上所述，国外更多是关注关闭矿井或生产矿井地下水污染、治理、修复与立法，并且是以地下水化学环境为研究重点，而在矿区地下水动力环境扰动机制和评价技术方面的研究甚少。

我国以煤炭为主要能源的现实以及煤炭西进战略的实施，使自 20 世纪 90 年代初水资源保护性采煤不可避免地成为西部矿区面对的主要问题之一。多年来保水采煤相关理论的提出与拓展、保水采煤地质条件的分析、保水采煤技术实践等成果都是针对陕北能源基地煤田开发过程中松散层地下水严重渗漏与生态环境恶化而展开的。

(1) 保水采煤理论的发展

1990 年，位于陕北神木县北部的瓷窑湾煤矿生产过程中发生溃水溃砂事故，引起了周边区域地下水位的持续下降、沟谷和水库干涸、泉流量迅速减少、植被退化等环境地质问题。随后，韩树青等(1992)论述了陕北侏罗纪煤田开发的水文地质问题[64]，范立民(1994)提出采动覆岩“两带”波及萨拉乌苏组含水层，不仅造成大量的水沙涌入矿井，同时导致地下水位下降、地表水干涸、地质环境恶化、风沙入侵、破坏现有水源地，并具体研究了神木北部矿区煤炭资源开发对地质环境的影响[65-66]。中国煤田地质总局(1995)在《中国西部侏罗纪煤田(榆神府矿区)保水采煤与地质环境综合研究》成果报告首次明确使用“保水采煤”一词。范立民(2000)在《光明日报》发表了《先保水后采煤》的文章[67]，呼吁对研究区的含水层进行保护。钱鸣高、缪协兴等(2003)提倡在防治顶板水害的同时，实现地下水资源的保护和矿井水综合利用的“绿色开采”理论[68-71]，该理论在矿井水综合利用方面拓展了“保水采煤”的内涵范围。钱鸣高等(2008)又在“绿色开采”理论的基础上，提出了以机械化高效开采、绿色开采、安全开采为主要内容的“科学采矿”的理论体系[72-73]，2009 年钱鸣高从市场经济需求与环境安全风险的角度又提出煤炭资源开发的“科学产能”[74-75]理论，并被中国工程院“中国能源中长期发展战略”咨询研究课题组采纳。综上所述，“绿色开采”、“科学采矿”以及“科学产能”等理论的提出，大大丰富了“保水采煤”技术理论范畴，为保水采煤技术实践奠定了理论基础。

(2) 保水采煤地质条件研究

1996 年，由中国煤田地质总局主持完成的原煤炭部“九五”重点科技攻关项目“我国西部侏罗纪煤田(榆神府矿区)保水采煤及地质环境综合研究”,是我国关于陕北煤炭基地“保水采煤”工程地质与水文地质条件研究方面的重要研究成果。项目参与单位陕西省煤田地质局185地质队在榆神府煤田开展了大量的地质条件的探查工作,范立民、王双明等(1998)利用大量的野外勘查成果研究了与水资源保护性开采相关的地质问题。李文平(2000)结合室内外试验成果,分析榆神府矿区与“保水采煤”相关的工程地质特征,并按采掘煤层的工程地质条件将矿区划分为砂基型、砂土基型、土基型、基岩型及烧变岩型5个类型区[76-77]。缪协兴等(2009)基于“隔水关键层理论”提出了矿区水源地保护、烧变岩含水体保护、厚基岩顶板水保护、薄基岩顶板水存储及矿井水资源化等5种保水采煤的基本模式[78-79],同时根据浅埋煤层覆岩和含水层特征,提出有无隔水层区、烧变岩富水区、泉域水源地区和弱含水层区5种保水采煤分区,以及有隔水层区控制结构关键层、控制导水裂隙闭合和局部充填3种保水采煤方法[80]。王双明、范立民、黄庆享等(2010)以覆基岩隔水层厚度和采煤煤层厚度的相关关系为标准进行了保水采煤基本分区[81-82]。顾大钊、张建民等(2013)利用神东矿区具体的水文观测孔,研究分析了2007～2012年之间矿区地下水位动态变化,得出在规模化采煤扰动下含水层厚度的变化约为30%[83]。王启庆、李文平(2014)以采后地下水漏失量为依据,将陕北保水采煤条件划分为不失水区、轻微失水区、一般失水区和严重失水区4种类型。以上研究对保水采煤的技术实践具有较强的指导意义。

(3) 保水采煤的技术研究

2000年,缪协兴、白海波等以控制覆岩变形的“关键层理论”为基础,提出了“隔水关键层”与“复合隔水关键层”的概念[84-85],即假设含水层在关键层的上方,如果采动后关键层不破断,则此关键层可起到隔水、保水的作用,即称为“隔水关键层”;如关键层因采动发生破断,但采动裂缝被软弱岩层充填,仍然起到隔水阻水的作用,则此关键层与软弱岩层组合称为“复合隔水关键层”。范立民、蒋泽泉(2006)认为在陕北地区小流域进行高强度的煤炭开采后,采空区可形成类似于烧变岩的孔洞形地下水储存空间,基于这一观点提出了“含水层再造”的概念[86]。师本强、侯忠杰(2009)通过相似模拟实验和数值模拟研究了浅埋煤层保水采煤方法的有关参数[87],以及覆岩中存在断层时工作面合理推进距离[88]。缪协兴、孙亚军等(2009)提出了较为具体的“充填式保水采煤”、“矸石直接充填采煤技术”[89]、“水资源转移存储”[90]等技术。宋世杰、燕建龙等(2012)提出了利用帷幕灌浆技术实现保水采煤的方法[91]。潘卫东[92]、刘建功[93]等提出了充填采煤的保水开采理论,顾大钊(2015)研究开发了涵盖煤矿地下水库设计、建设和运行的技术体系,并在神东矿区成功建设了示范工程,已累计建成32座煤矿地下水库,为矿区提供了95%以上用水[94]。

综上所述，以榆神府浅埋煤层开发过程中水资源保护性开采相关规律探索和技术试验形成了保水采煤技术的理论依据。

1.2.3 煤炭开采对地下水环境影响的评价技术

国外近年来研究的重点就是体现在如何能科学地评价采掘对地下水环境影响上，尤其以水污染评价为主，而且这方面的研究要比我国早很多。1968年，美国马尔加(Margat)首次提出“地下水脆弱性”这一术语[95]，1969年美国颁布了《环境政策法》，成为第一个把环境影响评价(EIA)列入法律并确定其相应评价制度的国家[96]，之后日本、瑞典、澳大利亚、法国、新西兰、加拿大等也相继推行环境影响评价制度。1993年美国国家科学研究委员会(USNRC)对地下水脆弱性定义如下[97]：地下水脆弱性是指污染物到达最上层含水层某特定位置的倾向性与可能性。并且将地下水脆弱性分为两类：一类是本质脆弱性，即不考虑人类活动和污染源而只考虑水文地质内部因素的脆弱性；另一类是特殊脆弱性，即地下水对某一特定污染源或污染群体或人类活动的脆弱性。1997年美国环保署(USEPA)提出的水资源评价计划中，要求对水资源系统进行污染脆弱性评价。另外，国外学者L. J. Britton[98]、J. D. Stoner[99]、S. G. C. Line[100]、C. J. Booth[101]等分别从采煤对区域地下水含水层的影响方面进行研究，美国赫佐格、福斯格伦通过描述矿山废弃物的特征(特征化方法)和分析废弃物潜在的影响(评价策略)来评价矿山地下水和地表水的影响[102-103]。美国迈库劳奇、奈恩就采矿生产对地表水及地下水的影响从微观和宏观两个方面分别作了系统的研究[104]。

在我国，王秉忱在1984年提出了应对地下水资源的合理开发利用以及地下水环境影响进行预测和评价[105]，并建议我国地质院校成立环境水文地质学科，以促进我国环境水文地质工作的开展；1986年我国首次颁布了《中华人民共和国矿产资源法》，开始涉及矿区单个项目的环境影响评价。但长久以来我国在矿区地下水环境影响评价、立法保护及矿井水资源化方面的研究明显滞后于国外，这与我国经济发展以煤炭为主的能源基础现实不无关系。直到2011年2月，国家环保部第一次正式颁布了《环境影响评价技术导则 地下水环境》标准，该导则彻底改变了地下水环评工作缺乏统一标准来指导的局面，对于指导我国地下水资源与环境的保护工作具有极其重要的现实意义。本标准中提出了地下水环境影响评价的基本任务，包括地下水环境现状评价，建设项目实施过程中对地下水环境可能造成的直接影响和间接危害(包括地下水污染、地下水流场或地下水位变化)的预测和评价，评价工作划分为准备、现状调查与工程分析、预测评价和报告编写4个阶段，并推荐了地下水均衡法、解析法、数值法3种常用的地下水预测模型，以及标准指数法的地下水水质现状评价指标[106]。

在煤炭开采对地下水环境影响的研究方面，虽然也对采煤造成地下含水层的破坏、地下水位下降、地下水流场变化等方面进行了研究，但是尚未形成大家公认的评判方法。目前，评价地下水受采掘影响程度的方法有地下水降落漏斗法、吨煤排水量法、涌水量系数法等。

地下水降落漏斗法是水文地质技术人员和学者常用的评价方法[107-108]，该方法以漏斗中心水位的最大降深作为评价的依据，主要分析最大降深是否超过了含水层的极限开采深度。

吨煤排水量法是煤矿生产管理部门常用评价手段[109-110]，更多的是从经济指标上来考虑的，即如何降低排水费用，提高生产效益，在某种程度上也反映了煤矿开采对地下水的破坏作用。但是忽视了不同地区的具体情况，如干旱半干旱地区与其他地区相比，地下水资源对当地的工农业生产尤为宝贵，因此同样的排水量在干旱半干旱地区对地下水资源子系统的影响就更大。

涌水量系数法以矿井年涌水量与降雨量的比值为系数，系数越大表明对地下水资源系统的破坏越严重，该方法是建立在矿井涌水量与降雨量较强相关性的基础上，对于浅埋型矿区具有较好的适应性。

近年来数值模拟方法成为国内学者预测地下水环境影响的一种主要手段，如张伟、张永波等(2011)借鉴抽水试验中影响半径的公式来粗略地计算矿井排水的影响范围[111]，或通过预先给定矿井涌水量预测得出含水层地下水动态变化[112-114]，如刘怀忠博士(2012)提出了比较类似的“涌水量系数法”达到定量评价的目的[115]；还有学者通过变换覆岩含水介质的渗透系数、将地面裂缝定义为定水头边界等形式正演出地下水受采掘影响的动态响应[116-118]。

1.2.4　目前存在的主要问题

由于我国以煤炭为主要能源的现实，以及煤炭资源开发向西部干旱区转移战略的实施，水资源保护性采煤不可避免地成为西部矿区面对的主要问题之一，综合国内外采煤与地下水环境问题的相关研究现状，存在以下方面问题：

(1) 国外以水污染风险评价、矿井水的处理与再利用、关闭矿井复垦等问题为主要研究方向，是以矿区水化学环境研究为基础的，对地下水水动力环境扰动的研究极少。

(2) 国内相关研究仍然以顶板水害防治为基础，其中覆岩破坏的“覆岩分带”理论与岩层控制的“关键层”理论是矿井顶板水害防治、保水采煤技术研发及地下水环境影响评价的最重要依据，其基本认识为采掘扰动形成的“导水裂缝带”未沟通含水层或“隔水关键层”，未造成地下水资源大量漏失，即定性地认为可以安全回采，亦或保水成功。该理论认识具有较强的局限性，一是对采掘扰动程度定量把握不足，二是忽视了采煤对地下水环境水力驱动层的响应机制。

(3) 国内水文地质界针对地下水环境影响评价的大多是以区域地下水均衡为基础，一般应用的地下水降落漏斗法、吨煤排水量法等以宏观分析为主，基于数值模拟的涌水量系数法、变渗透系数法、影响半径法等具有较强的主观性，回避了采煤对地下水赋存的覆岩环境扰动机制及地下水响应机制问题。

综上所述，陕蒙煤炭开采区相关研究以覆岩破坏为研究基础，研究方法以定性分析为主，研究范围集中在浅部矿区，尚未从地下水环境系统的角度对采矿覆岩扰动和地下水响应机制进行系统研究，难以为我国西部生态脆弱区煤炭—水资源的合理开发、综合开发和科学管理提供科学的、具有可操作性的决策依据。

1.3 研究内容与技术路线

煤炭资源开发破坏了地下水赋存的地质环境，采掘形成地下“空间”，围岩介质原位应力场平衡被打破，岩体位移场产生垮塌、层间离层、节理及次生裂隙再发育、地表塌陷等采动影响，形成新的地应力场平衡，导致地下水赋存的地质环境的结构性要素发生改变，由此产生地下水水位下降、井下大量涌水、地面沉陷积水、水质污染等地下水水力驱动层的响应。因此，“地下水环境的扰动”问题不应该局限于采动是否引起含水层大量渗漏的问题(即采掘形成的导水裂缝是否沟通含水层或关键层的定性分析)，应是地下水环境系统结构要素在宏、微观上的采动变异(采动裂缝、弯曲沉陷，以及围岩弹塑性变化引起的介质孔隙率、渗透能力及强度的变化)问题，同时也是地下水环境系统中地下水体(水位、水力梯度、水流状态、水量等)由于结构要素的改变而发生的动态响应问题。

本书以位于陕西省与内蒙古自治区接壤的现代煤炭开采区为研究对象，以水文地质学、采矿工程学、生态环境学等为理论基础，综合采用水文地质野外调查、室内物理相似材料模拟、实验室岩样测试、计算机数值模拟等研究方法，对陕蒙煤炭开采区水、煤、环的时空赋存及变化特征，煤炭资源开发对地下水环境系统扰动机制，以及地下水环境系统扰动的定量评价技术进行研究。本书研究目标是揭示煤矿开采导致的地下水环境扰动的概念和内涵，探索地下水环境系统扰动机制及其定量评价方法，为控水采煤技术研发和生态修复提供理论依据，以促进干旱区煤炭资源开发与生态环境的协调发展。本书研究框架如图 1-2 所示。

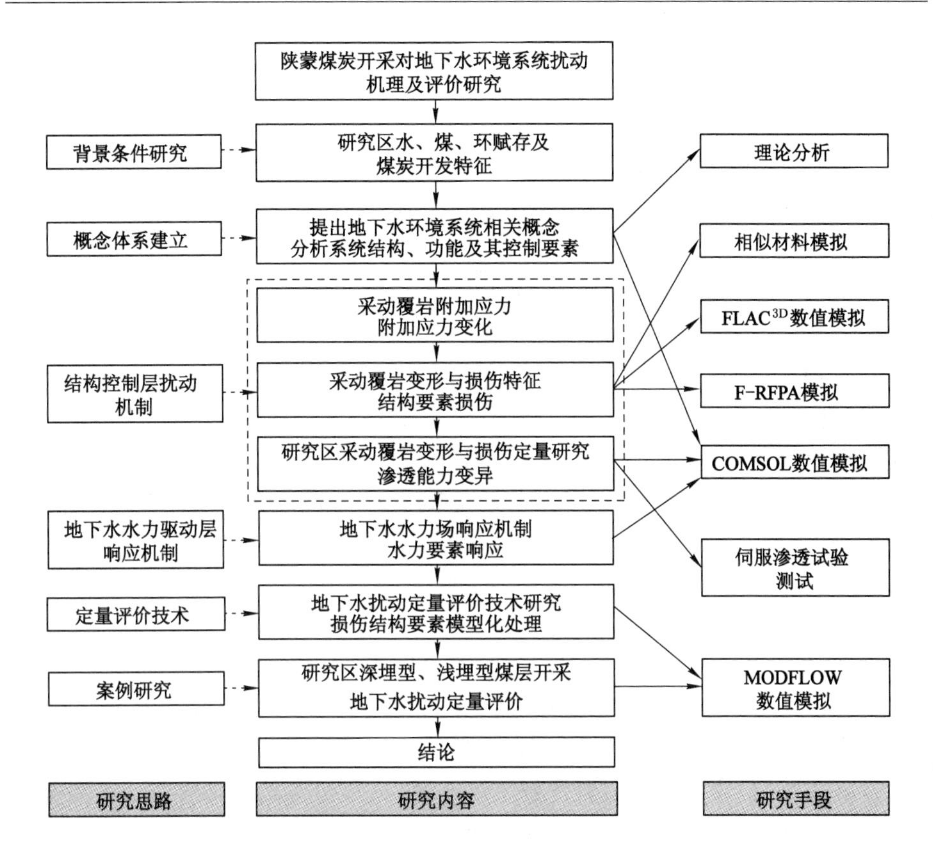
陕蒙煤炭开采对地下水环境系统扰动机理及评价研究
背景条件研究
研究区水、煤、环赋存及煤炭开发特征
理论分析
概念体系建立
提出地下水环境系统相关概念
分析系统结构、功能及其控制要素
相似材料模拟
采动覆岩附加应力
附加应力变化
FLAC3D数值模拟
结构控制层扰动机制
采动覆岩变形与损伤特征
结构要素损伤
F-RFPA模拟
研究区采动覆岩变形与损伤定量研究
渗透能力变异
COMSOL数值模拟
地下水水力驱动层响应机制
地下水水力场响应机制
水力要素响应
伺服渗透试验测试
定量评价技术
地下水扰动定量评价技术研究
损伤结构要素模型化处理
案例研究
研究区深埋型、浅埋型煤层开采
地下水扰动定量评价
MODFLOW
数值模拟
结论
研究思路
研究内容
研究手段

图 1-2　技术路线

2　陕蒙现代煤炭开采区水、煤、环赋存及煤炭开发特征分析

陕蒙现代煤炭开采区位于以鄂尔多斯盆地为基础的陕西省和内蒙古自治区交界、毛乌素沙漠与黄土高原的接壤地带，东部以侏罗纪煤层边界为界，南部为二期规划的榆横矿区，西部为呼吉尔特矿区，北部为新民矿区边界，东西宽约170 km，南北长约150 km。区域典型的生态立地条件、煤田地质、工程地质与水文地质条件，形成矿区典型的水、煤、环多资源赋存条件及现代化煤炭开发特征。

2.1　自然地理特征

研究区在行政上横跨陕西省榆林市和内蒙古鄂尔多斯市，主要包括已规模化开发生产的神东矿区（榆神矿区和神府矿区）和开发建设中的榆横（北区与南区）、呼吉尔特、新街和纳林河矿区等6大矿区，神东和陕北基地基本以省界为下属各矿区边界，其接壤带长达150 km，如图2-1所示。

2.1.1　地形地貌特征

陕蒙现代煤炭开采区位于鄂尔多斯盆地中东部，陕北黄土高原与毛乌素沙漠的接壤地带，如图2-2所示。全区总的地势是西北高，东南低，一般海拔在+800～+1 400 m之间，在西部风积沙区地形起伏相对较小，相对高差30～80 m。在东部黄土沟壑区沟壑众多、切割强烈、地形起伏较大。最高点位于府谷县大昌汗北部的郭家梁，海拔+1 418 m，最低点位于区东南部黄河西岸的泥河沟，海拔+716 m。最大相对高差702 m。

根据区域地貌形态的相似性和成因的一致性原则，将区域划分出风沙地貌、黄土地貌和河谷地貌三大类（图2-3和图2-4）；其中风沙地貌和黄土地貌依据形态特征划分出7个次一级的地貌类型，即风沙地貌划分为沙丘沙地、沙丘草滩、沙丘黄土梁和风沙河谷，黄土地貌划分为片沙黄土梁峁、黄土峁状丘陵和黄土峡谷丘陵。

2.1.2　气象、水文特征

2.1.2.1　气象

陕蒙现代煤炭开采区属于典型的半干旱高原大陆性气候，冬季受干燥而寒

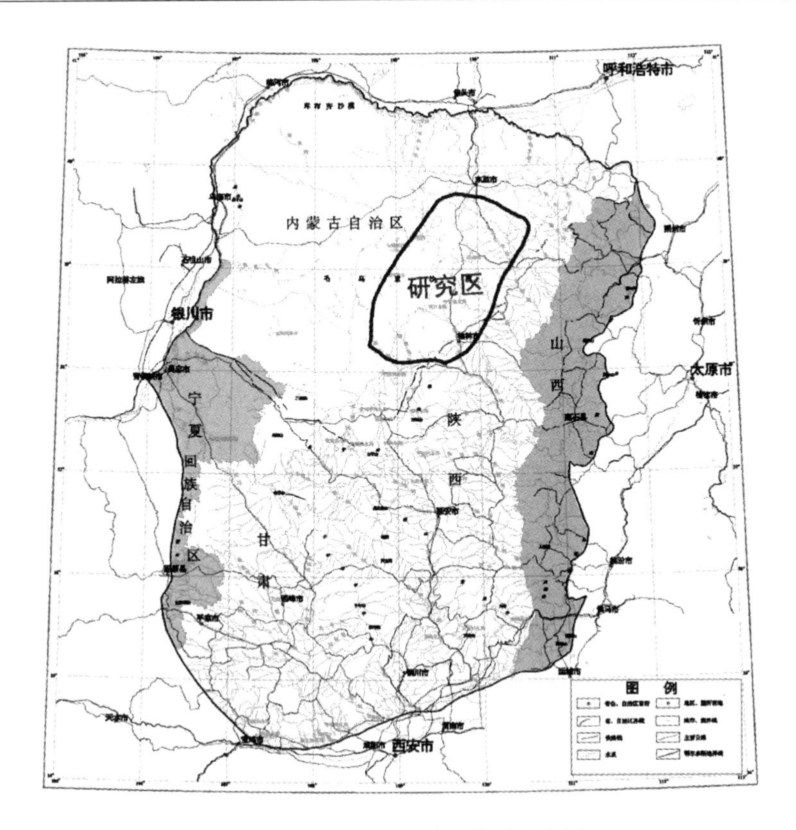

图 2-1　陕蒙煤炭开采区范围示意图

冷的多变性极地大陆性气团控制，形成低温、寒冷、降水稀少的气候特点；夏季受高温湿润的热带海洋性气团的影响，降水增多，同时不时有极地冷空气的活动，与太平洋暖湿的东南气流相遇，易产生暴雨和冰雹天气；春季易出现寒潮大风、扬沙、沙尘暴等天气；秋季降温明显，属典型大陆性季风气候。

冬季寒冷，平均气温－7.8～－4.1 ℃，极端最低气温－32.7 ℃，与呼和浩特气候相近；夏季高温炎热，月平均温度均在 20 ℃以上，日最高气温≥30 ℃的日数历年平均为 22～68 d，吴堡极端最高气温曾达 40.8 ℃，接近西安的极值。寒潮首见于 9 月，终于次年 5 月。无霜期短，无霜期平均 134～169 d，最短仅 102 d。初霜期平均在 9 月 28 日至 10 月 12 日，定边最早曾在 9 月 14 日出现。终霜期平均在 4 月 25 日至 5 月 16 日，最迟可到 6 月 9 日。气温日较差大，全市平均日较差 11.4～13.9 ℃，在作物生长季节最大可达 20 ℃。区内地表水资源奇缺，年降雨量仅为 350 mm，蒸发量达到 2 450 mm。

2.1.2.2　**水文**

鄂尔多斯盆地内水系主要分为黄河水系和内陆水系。

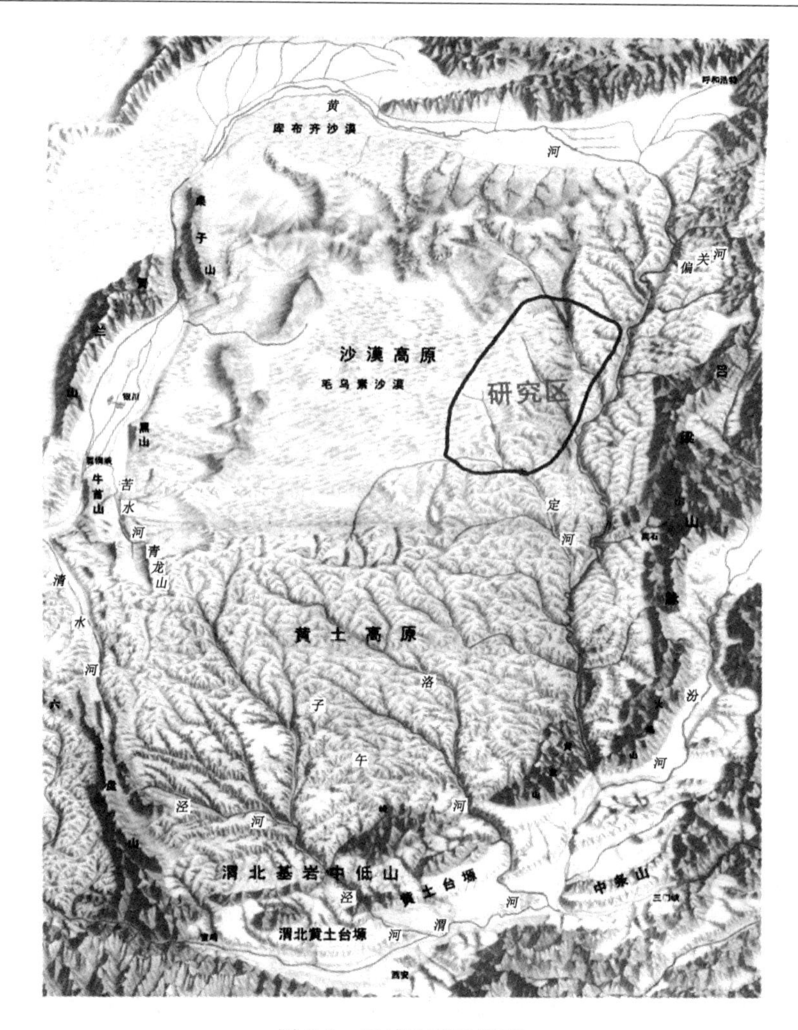

图 2-2　区域地形地貌图

研究区中东部的神府矿区、榆神矿区、榆横矿区，均属黄河水系，分布于黄河西岸，如图 2-5 所示。自北向南有窟野河、秃尾河、无定河等均属黄河水系的支流，较大的三级水系有乌兰木伦河、悖牛川河、榆溪河等。各水系之间受地形控制明显，由地表分水岭相隔，各河流主要接受降雨补给，区内风积沙覆盖层地下潜水富水性好，地表水接受潜水补给量占总径流量的 30％～80％[119]，地下潜水径流基本与地表径流一致，大气降水通过地表径流，或入渗形成地下潜流后排泄至地表河流，最终汇流至黄河。

研究区西部的新街、呼吉尔特矿区属鄂尔多斯盆地的内陆水系，因区内气候干燥，降雨微弱、地形破碎、植被稀少，但近地表松散层厚度大、孔隙性强、地下水调蓄能力强，以致大气降水难以形成地表径流，易迅速渗入松散层（如风积沙

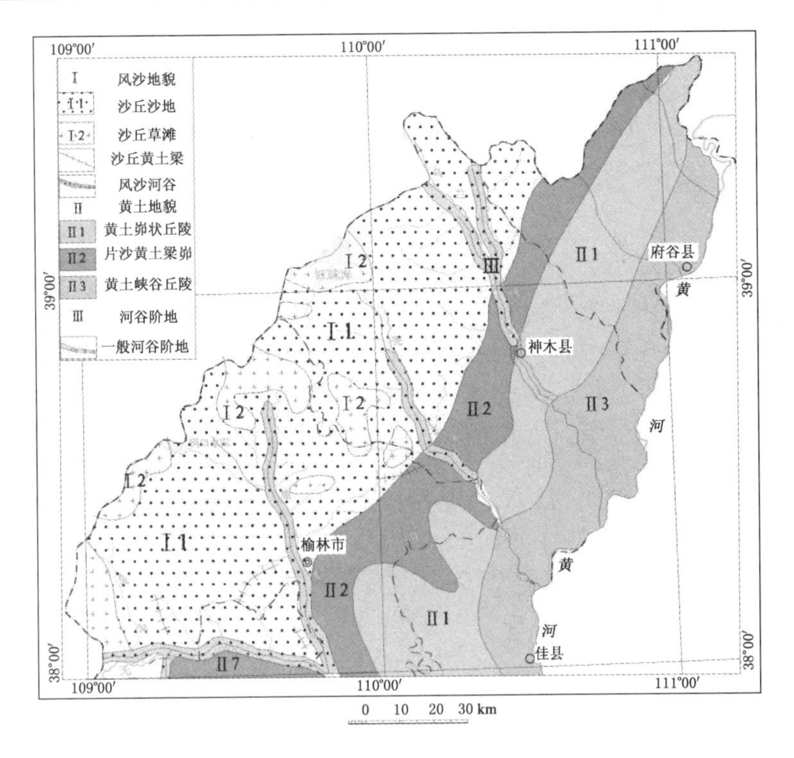

图 2-3　地貌单元图

图 2-4　典型地貌特征

(a) 沙地(深部乌审旗呼吉尔特矿区);(b) 沙丘(深部乌审旗呼吉尔特矿区);

(c) 黄土沟壑(浅部榆神府矿区);(d) 土塬(浅部榆家梁矿区)

图 2-5 研究区主要水系图

层），形成松散层孔隙潜水。其中位于蒙陕交界的红碱淖是黄河内陆水系中最大的内陆湖，是内陆循环地表水和地下水的排泄点。

研究区地表水体水文特征见表 2-1 统计。

表 2-1 **主要地表水体特征统计表**

水系名称	流域面积 /km²	河流长度 /km	水文特征	备注
无定河	30 260	491	多年平均流量 15.3 亿 m³，占黄河流域多年平均流量 628 亿 m³ 的 2.4%。以降水和地下水补给为主。在沙漠区由于地面渗漏强烈，地下水补给占比重较大，一般达 80%～90%以上	黄河一级支流，位于陕西省北部，是陕西省榆林地区最大的河流，它发源于定边县白于山北麓，上游叫红柳河，流经靖边新桥后称为无定河

续表 2-1

水系名称	流域面积/km^2	河流长度/km	水文特征	备注
乌兰木伦河	3 837.27	132.5	历年最大流量 9 760 m^3/s,最小流量 0.008～0.44 m^3/s	窟野河上源。发源于内蒙古南部鄂尔多斯市沙漠地区,在陕西神林县以北的房子塔与悖牛川河相汇合,以下称为窟野河
窟野河	8 706	242	窟野河多年平均径流总量为7.59亿 m^3,约占全省年径流总量的1.72%,年平均径流深88.7 mm,年均流量 24.1 m^3/s(温家川站)。河流以降水补给为主,约占径流总量的70.3%(温家川站),地下水补给占年径流总量的29.7%。乌兰木伦河集水面积占流域的44.3%,径流量只占24%	窟野河,黄河中游支流,发源于内蒙古自治区东胜市巴定沟,流向东南,经伊金霍洛旗和陕西省府谷县境,于神木县沙峁头村注入黄河;有较大支流 9 条,主要有乌兰木伦河、悖牛川河等
榆溪河	4 000	98	—	榆溪河位于毛乌素沙漠南缘,无定河支流,在鱼河镇王沙坬汇入无定河
秃尾河	3 294	140	秃尾河高家堡站年平均流量为12.7 m^3/s,年均径流量为 4.35亿 m^3,秃尾河流量的年际变化很小。由于上游位于沙漠地带,降水不能直接补给河流,而以地下水的形式补给河流,使河流径流量的季节变化也不大。秃尾河径流补给以地下水为主,高家川站地下水补给量为 10.40 m^3/s,占径流总量的 75.9%	秃尾河,黄河支流。位于陕西省境内,源于神木县瑶镇西北的公泊海子,起初称为公泊沟,与圪丑沟汇流后称为秃尾河,其下游为神木与榆林、佳县的界河,在佳县武家峁附近注入黄河
红碱淖	32.88(2012 年)	43.7(湖岸线)	最大深度 10.5 m,平均深度 8.2 m,红碱淖属高原性内陆湖,水位稳定,湖面海拔高程+1 100 m	陕西省北部毛乌素沙地内一淡水内流湖,位于陕西省神木县尔林兔镇与内蒙古自治区鄂尔多斯市新街镇刀劳窑村陕蒙交界处,是陕西省最大的湖泊,也是我国最大的沙漠淡水湖,湖呈三角形

2.2 煤田地质及水文地质特征

2.2.1 地层

神府榆矿区属陕北侏罗纪煤田一部分，地层区划属华北地层区鄂尔多斯盆地分区。矿区的地层结构及岩性特征表明：大致在三叠纪中晚世，本区才逐渐与华北地台解体分离，成为独立的内陆沉积盆地——鄂尔多斯盆地的一部分。在此以前与华北地台为一整体。

矿区地表广泛覆盖着现代风积砂及新近系红土层、第四系黄土层，属掩盖区。地层仅在河流两岸和沟谷中有出露，出露最完整在神木县的考考乌素沟。地层自东而西由老到新，大致呈北北东走向带状分布，其中侏罗系延安组为本区的含煤岩组，如表 2-2 所列。按地层沉积顺序，由老至新分述于下：

(1) 侏罗系下统富县组(J_1f)

分布于窟野河以西的石拉沟—店塔镇—麻家塔—神木—麻家渠一带，与下伏三叠系永坪组呈平行不整合关系。

(2) 侏罗系中统延安组(J_2y)

断续出露于研究区窟野河、秃尾河的支流或支沟，榆溪河的支流中也有少量分布，岩性为灰绿、黄绿色砂岩、砂质泥岩与暗紫色泥岩互层。裸露于地表或为沟谷切穿的煤层，部分已自燃烧毁。延安组为本区的含煤地层，与下伏富县组为超覆沉积，与上覆直罗组均呈平行不整合接触。

(3) 侏罗系中统直罗组(J_2z)

出露于窟野河以西支流或支沟(大柳塔—白家圪堵一带)，为一套河湖相沉积，与其下伏延安组呈假整合接触。该层富水性较差，透水性弱。

(4) 侏罗系中统安定组(J_2a)

分布于窟野河以西一级支流或二级支沟沟头或沟脑(大柳塔—白家圪堵一带)，无定河以南的一级支流或二级支沟(横山县—赵石畔一带)，与下伏直罗组呈假整合接触。

(5) 白垩系下统洛河组(K_1l)

分布于无定河以南支沟(高家沟)。为一套棕红色、紫红色砂岩，中细粒、细粒结构，块状构造，泥铁质胶结，具大型交错层理。其厚度变化较大，由南东至北西逐渐增厚，与下伏安定组呈假整合接触。

(6) 新近系上新统(N_2)

零星出露于本区东部西红墩一带、窟野河支沟沟脑(白家圪堵—王家石庙一带)、佳芦河沟头沟脑(麻黄梁一带)。岩性为棕红色、紫红色泥岩及砂质泥岩，该层厚 20～30 m，是保水采煤的主要隔水层，不整合于下伏基岩之上。

(7) 第四系中更新统(Q_2)

分布于窟野河大柳塔—老高川—上石拉沟—店塔—麻堰渠一带，榆溪河有零星出露，岩性以风积黄土为主，河谷区局部地段可见少量残留冲积层，统称离石黄土。局部整合于午城黄土之上，大部分直接覆盖于基岩之上。

表 2-2　　侏罗纪煤层上覆地层结构

地层			岩性特征	厚度/m	分布范围
系	统	组			
第四系	全新统	Q_4^{eol} Q_4^{al}	以现代风积沙为主，冲积层次之。与下伏地层呈不整合接触	0～60	基本全区分布，冲积层分布于沟谷中
	上更新统	马兰组(Q_3m)	灰黄、灰褐色亚砂土及粉砂，均质、疏松、大孔隙度。与下伏地层呈不整合接触	0～30	东部沟谷中有出露
		萨拉乌苏组(Q_3s)	上部为灰黄、灰色粉细砂及亚砂土，具层状构造。顶部有黏土及泥炭薄层，下部为浅灰、黑褐色亚砂土夹沙质亚黏土。底部有砾石，含螺及脊椎化石。与下伏地层呈不整合接触	0～160	零星出露
	中更新统	离石组(Q_2l)	浅棕黄、褐黄色亚黏土及亚砂土，夹粉土质沙层，薄层褐色古土壤层及钙质结核层，底部具有砾石层。与下伏地层呈不整合接触	0～110	东部及南部
新近系	上新统	静乐组(N_2j)	棕红色黏土及亚黏土，夹钙质结核层，底部局部有浅红色灰黄色砾岩。含三趾马化石及其他动物骨骼化石。与下伏地层呈不整合接触	0～175	出露于神府广大地区的沟脑梁峁一带
白垩系	下统	洛河组(K_1l)	紫红、橘红色巨厚层状中粗粒长石砂岩，胶结疏松，巨型板斜层理发育，底部有几米至几十米厚的砾岩层，成分为石英岩、硅质岩、硅灰岩及片岩等。与下伏地层呈平行不整合接触	0～60	主要分布于神木至榆林一带零星出露
侏罗系	中统	安定组(J_2a)	上部紫红、暗紫色泥岩，紫杂色砂质泥岩为主，与粉砂岩及细砂岩互层，含叶肢介、介形虫及鱼化石，下部以紫红色中至粗粒长石砂岩为主，夹砂质泥岩。与下伏地层整合接触	0～110	主要分布于叶家湾—小草湾—王家伙以西
		直罗组(J_2z)	上旋回：其上部以紫杂色、灰绿色泥岩、砂质泥岩为主，夹灰绿、灰白色中厚层状长石石英砂岩，下部灰绿、灰黄绿色细中粒砂岩与粉砂岩互层。下旋回：上部灰绿、蓝灰色粉砂岩与细砂岩互层，下部为灰白色中～粗粒砂岩，夹灰绿色砂质泥岩，底部局部有砂砾岩。与下伏地层整合接触	0～190	青草界—黑龙沟—古庙梁一带以西

续表 2-2

地层			岩性特征	厚度/m	分布范围
系	统	组			
侏罗系	中统	延安组(J_2y)	以灰白色、浅灰色中细粒长石砂岩、岩屑长石砂岩及钙质砂岩为主，次为灰至灰黑色粉砂岩、砂质泥岩、泥岩及煤层、碳质泥岩，局部地段夹有透镜状泥灰岩，枕状或球状菱铁矿结核及菱铁质砂岩、蒙脱质黏土岩。含可采煤层 7～8 层，主要可采煤层 4 层。总厚最大达 24.72 m，单层最大厚度 12 m，一般为中厚煤层。动物化石常见的有双壳纲，以费尔干蚌～延安蚌为主的动物组合。与下伏地层呈整合接触	20～310	西部啊拉堡—大保当—古庙梁一带保存较全，神府一带大部分为一至二段残存厚度部分
	下统	富县组(J_1f)	上亚旋回：下部及中部为巨厚层状灰白色粗粒长石石英砂岩，含砾粗砂岩。顶部为灰绿色、紫色粉砂岩、砂质泥岩，含植物化石及叶肢介化石。下亚旋回：下部主要为粗粒石英砂岩，含砾粗粒石英砂岩，上部为绿灰色、褐灰色、紫杂色粉砂岩，砂质泥岩。与下伏地层呈平行不整合接触	0～140	秃尾河以东广大地区
三叠系	上统	瓦窑堡组(T_3w)	灰白、灰绿色巨厚层状细中粒长石石英砂岩，含大量绿泥石，局部含石英砾、灰绿色泥质包体及黄铁矿结核	80～200	西沟、高家堡、大河塔以东

(8) 第四系萨拉乌苏组冲湖积层(Q_3s)

广泛分布于风沙草滩地区，是区内滩地的主要组成物质。区内该层厚度由北而南，逐渐变薄，变化幅度一般在 15～100 m 之间，为一套灰黄、灰绿、青灰色粉细砂、粉土、砂砾石夹薄层砂质黏土透镜体，具水平层理。该层受古地形结构控制，常呈湖盆状或条带状，盆地中部及古河道中心沉积厚度大，向盆地四周及古河道两侧逐渐变薄。

(9) 第四系全新统风积沙(Q_4^{eol})

广泛分布，是地表沙漠的组成物质，以浅黄色粉细砂为主。一般厚 5 m，与萨拉乌苏组构成统一含水层。

2.2.2 构造

鄂尔多斯地块地处华北地台西南缘，在区域构造上处于阴山—天山、秦岭—昆仑两大复杂纬向构造带之间，新华夏系第三沉降带与祁连山、吕梁山、贺兰山字形构造体系之伊陕盾地复合部位，构造性质长期稳定，以内部整体上升或沉降、斜坡平缓、构造简单微弱、地层水平、接触关系平合为主要特征(图 2-6)。

陕北侏罗纪煤田位于鄂尔多斯台向斜东翼的北部——陕北斜坡上，中生代含煤地层及其以后沉积地层几乎无构造变动，地层总体呈 NE～SW 向带状展

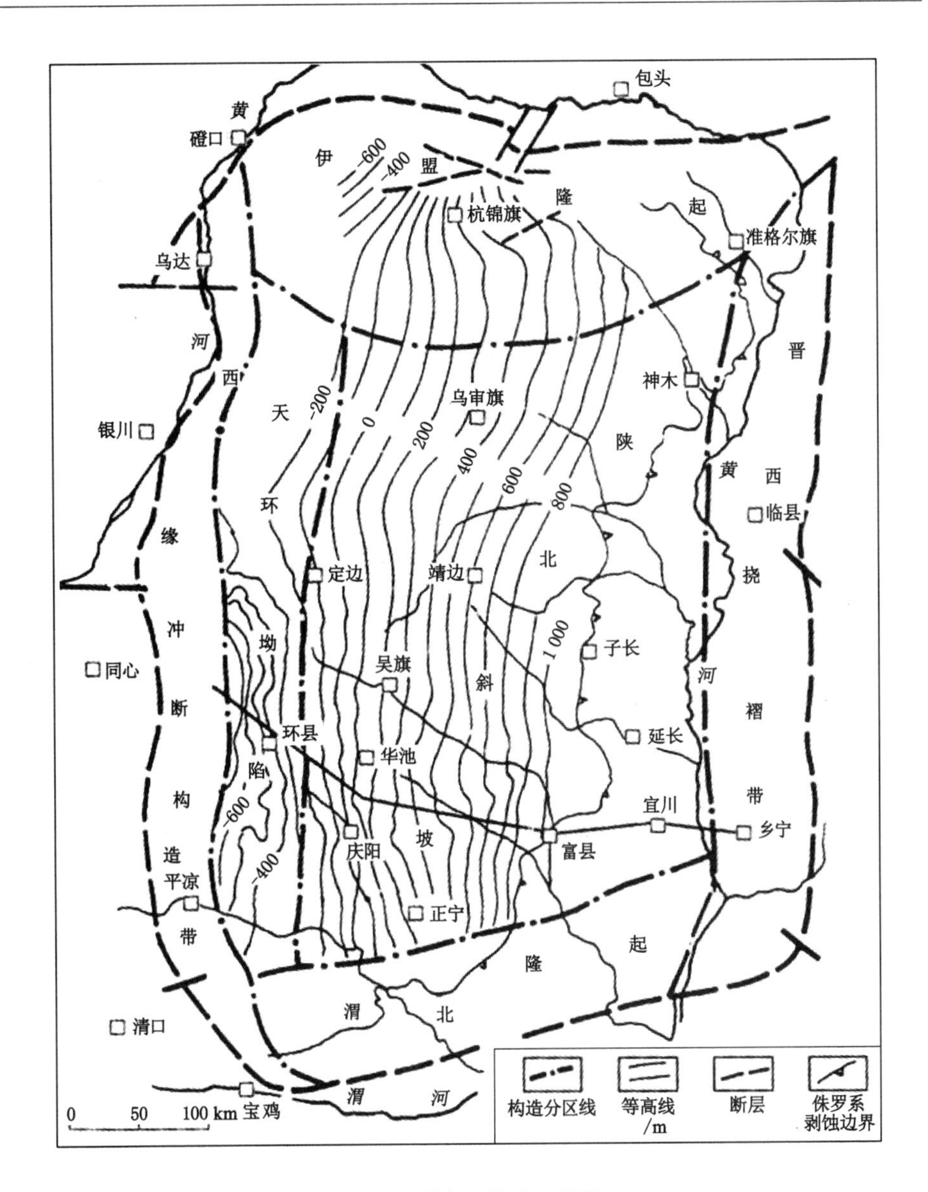

图 2-6 研究区构造区划图

布，以 1°左右的坡度向西缓倾，仅局部分布有稀疏的、规模不大的高角度正断层，断距一般 20～40 m，最大 80 m，走向多为 NW～SE 向，具雁行排列之势，延伸长度 2～11.5 m。目前主要见于神木北部矿区，包括榆神矿区在内的陕北侏罗纪煤田广大区域也发现有类似特征的断层存在。另外局部亦见小型鼻状构造。但总体上，区域呈简单的单斜构造。

2.2.3 煤层

侏罗纪煤田为掩埋式煤田，地表大部分地段被风积沙所覆盖，侏罗系延安组是研究区唯一的含煤地层[120]。研究区总体上构造简单，含煤地层由东北向西南伸展，厚度 180.00～316.36 m，均厚在 270.00 m 左右，含煤 8～20 层。如表 2-3所列，其中可采和局部可采的煤层 12 层，煤层赋存稳定，倾角多在 5°以下，属

表 2-3　研究区主要可采煤层特征

煤组号	煤层号	煤层厚度/m 最小值～最大值 均厚	层间距/m 最小值～最大值 均厚	稳定程度	说明
1			—		1^{-2}煤为区内最浅部的可采煤层，位于延安组第五段顶部，在浅部局部地段(瑶镇乡以东和麻家塔乡以南)因剥蚀和自燃而无煤
	$1^{-2上}$	0～2.5 1.75		较稳定	
			3.22～16.27 12		
	1^{-2}	0～3.68 2.73		较稳定	
			13.11～38.77 25		
2	$2^{-2上}$	0～3.85 1.57		较稳定	2^{-2}煤为神东矿区最主要的可采煤层，位于延安组第四段顶部，在沟谷沿岸基本遭受剥蚀并发生自燃，北部为剥蚀边界，南部为自燃边界
			10.04～44.12 18		
	2^{-2}	0.26～12.16 6.5		稳定	
			20.52～41.08 30		
3	3^{-1}	0.18～4.01 2.48		稳定	3^{-1}煤为蒙陕全矿区最主要的可采煤层之一，位于延安组第三段顶部，矿区内均有分布，基本全区可采
			0.95～16.31 8.76		
	3^{-2}	0～2.46 1.27		较稳定	
			16.01～42.42 25.15		
4	4^{-1}	0.18～2.55 1.05		较稳定	4^{-3}煤基本全矿区分布，位于延安组第二段中部，但可采范围较小，连续性差，在神东矿区少而分散，为局部可采煤层，在榆神矿区相对集中，基本全区可采
			10.31～32.8 18		
	4^{-2}	0.14～3.56 1.59		较稳定	
			13.74～28.32 20		
	4^{-3}	0.1～3.67 1.9		稳定	
			34.06～50.05 40		
5	5^{-2}	0.3～5.38 1.55		较稳定	5^{-2}煤为煤系下部的主要可采煤层，神木北部矿区和榆神矿区存在部分不可采区域
			11.45～2.79 16.29		
	5^{-3}	0.18～6.97 1.3		稳定	
			4.06～34.37 17		
	5^{-4}	0.21～4.65 1.34		较稳定	
			—		

近水平煤层。目前矿区东部（神东矿区）主要开发的是 2^{-2} 煤层，矿区西部（呼吉尔特矿区）规划开发 3^{-1} 煤层。

研究区煤层埋藏深度由于区域单斜构造的控制，呈现较为明显的东浅西深。如图 2-7 所示，东部为煤层浅埋区（埋深一般小于 200 m），其中位于神木北部矿区存在煤层隐伏露头；西部为煤田深埋区（埋深一般大于 500 m），在呼吉尔特矿区乌审旗一带，煤层最大埋深可达 800 m；中部的榆神矿区沿中鸡镇—尔林兔镇—大保当镇由北向南一线，煤层埋深较为稳定，沿金鸡滩—孟家湾—乌审旗由东向西一线埋深增大的趋势明显，埋深一般为 200～500 m。

煤层底板高程与地面地形相反，在研究区东北部高、西南部低，地势变化梯度小。主要可采煤层的底板高程变化规律一致，地层总体向西倾斜，倾角小于 3°，区域构造简单。

2.2.4 地下水

(1) 含水层

根据陕蒙现代煤炭开采区的地质、水文地质结构及含水介质类型，将研究区含水层划分为松散岩类孔隙含水岩系、碎屑岩孔隙-裂隙含水岩系、烧变岩裂隙-孔洞潜水含水岩系、基岩裂隙含水岩系，如图 2-8 所示。

① 松散岩类孔隙含水岩系：主要包括近地表富水性较好的全新统风积沙层和第四系富水性极好的萨拉乌苏组地层，及局部的黄土沟壑区裂隙孔洞潜水。其中风积沙和萨拉乌苏组含水层组基本在全区广泛分布，仅在神东矿区东部局部缺失（如大柳塔、柠条塔北翼等），分布厚度自西向东逐渐变薄，在西部呼吉尔特一带厚度可达百米以上，总体上松散层质地相对均一、结构松散、孔隙率大、透水性强，易于接受大气降水的补给，因此具有极强的地下水调蓄能力，是陕蒙交界地区的众多水源地（如马合、小壕兔等）的取水含水层，在西部干旱地区具有极强供水意义和生态价值[121]。该含水岩系水位埋藏普遍较浅，大多数地区水位埋深小于 2 m，在地势较低地段地下水出露于地表水体，仅在地势较高的固定、半固定沙丘或流动、半流动沙丘等区段，水位埋深较大。

② 碎屑岩孔隙-裂隙含水岩系：主要是指研究区西部（煤田深部）的白垩系孔隙-裂隙含水岩系，自上而下可划分为环河含水岩组（K_1h）、洛河含水岩组（K_1l）及侏罗系碎屑岩裂隙含水岩系。含水层厚度由东向西逐渐增厚，在研究区西部最厚达 600 m 左右。与上覆松散类潜水含水层之间无相对稳定的隔水层存在，一般具有潜水水力特征；洛河含水岩组岩性为河流相砂岩，含水层厚度多在 100～300 m 之间，埋藏深度较大，富水性较差；侏罗系碎屑岩裂隙含水岩系埋藏较深，裂隙不发育，水量小，含水层的富水性弱，透水性与导水性差，地下水的补给条件与径流条件均较差。

③ 烧变岩裂隙-孔洞潜水含水岩系：烧变岩是研究区东部地区（煤田浅部）

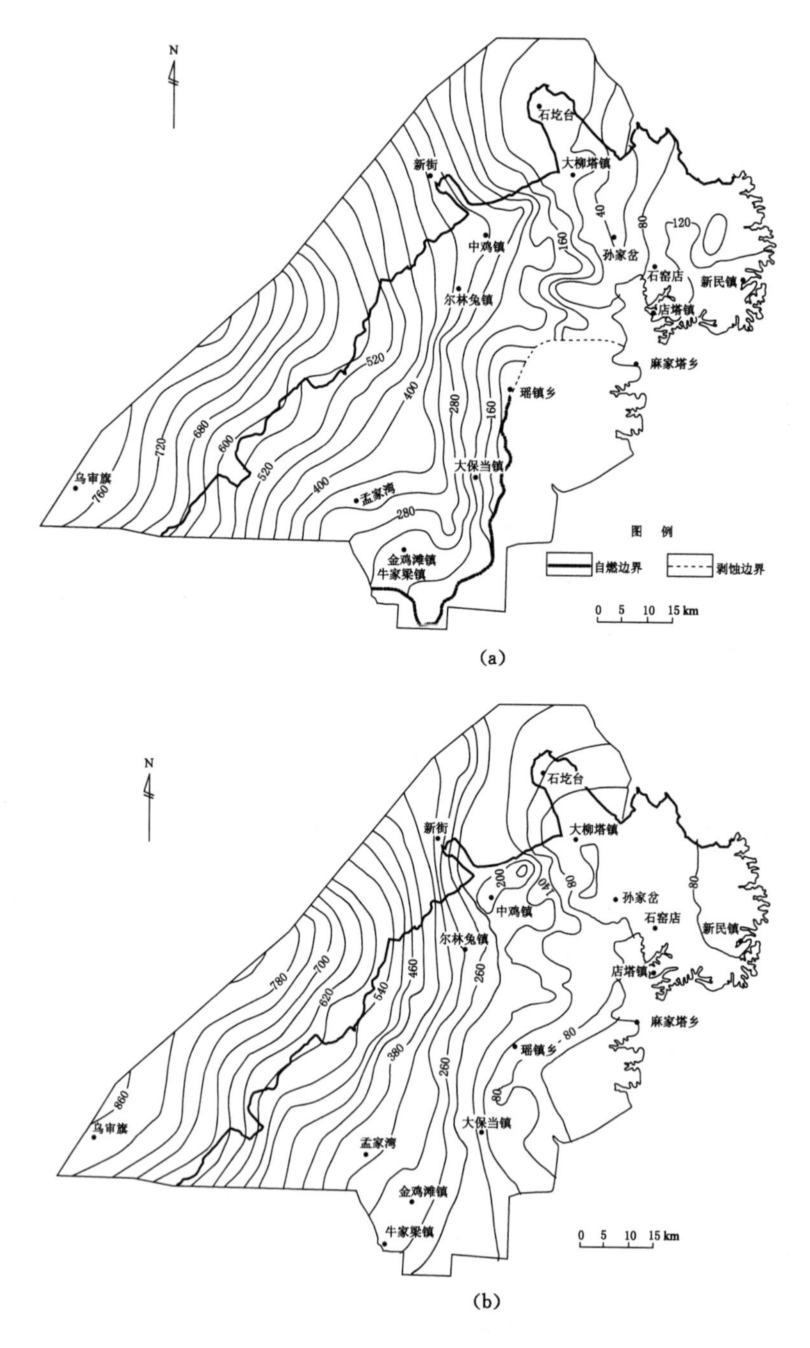

图 2-7 煤层埋深等值线图

(a) 2^{-1}煤层埋深等值线图;(b) 3^{-1}煤层埋深等值线图

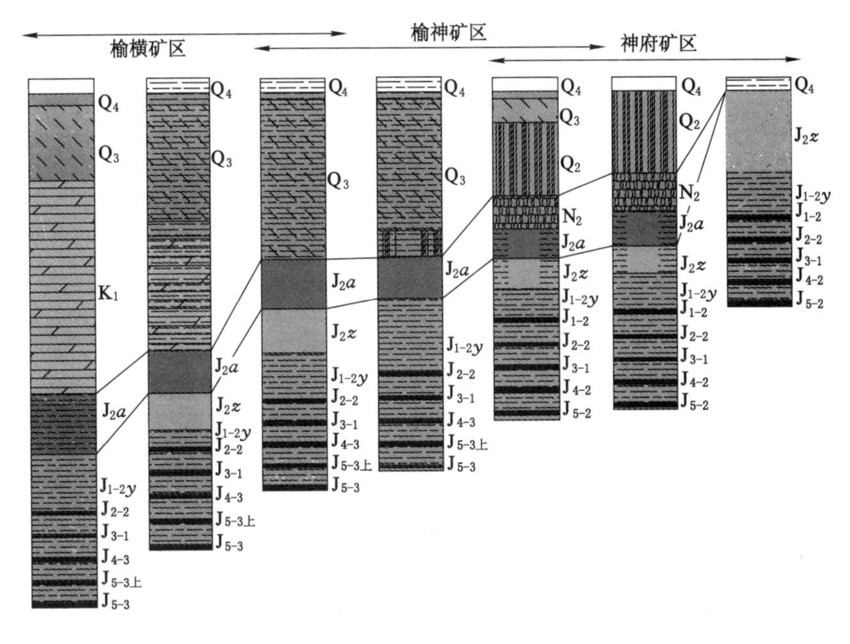

图 2-8 研究区水文地质结构示意图

特殊含水岩层，是在地质历史时期露头及附近煤层发生自燃，煤层及围岩受烘烤后形成的一种具有裂隙、孔隙结构的特殊岩层，具备了含水、储水能力，构成烧变岩裂隙-孔洞潜水含水岩系。该岩系主要分布于神东矿区、榆神矿区窟野河、秃尾河、乌伦木兰河、勃牛川河、考考乌素沟及较大的支沟沟谷两岸厚煤层露头区，常有泉水出露，富水性中等。

④ 基岩裂隙含水岩系：主要是指直罗组(J_2z)、延安组($J_{1-2}y$)含煤地质岩层，地层岩性主要为各粒级砂岩、砂质泥岩及煤层。研究区内全区分布，地表基本没有出露，由基岩原生节理、次生构造裂隙等构成地下水含、储水空间，总体上裂隙性发育程度一般，透水性与导水性差，富水性弱，与上覆潜水含水层及大气降水的水力联系均较小。

(2) 隔水层

① 第四系中更新统离石黄土(Q_2l)隔水层：离石黄土隔水层仅在研究区浅部局部分布，厚度变化较大，一般岩性上分为上、下两个部，上部为亚砂土和亚黏土，下部为黏土和亚黏土含钙质结核，结构较致密，具良好隔水性能。

② 新近系上新统保德组(N_2)黏土隔水层：主要分布于研究区东部(煤田浅部)的黄土梁、峁丘陵区，因受长期的侵蚀，零星出露于沟岔上游两侧与沟脑，以黏土类岩性为主，岩性结构致密，可塑性强，为上部松散层的良好隔水层；底部局部有 3～5 m 厚的松散沙砾石层，有孔隙潜水泉群出露。保德组黏土，由于地层

厚度、岩性及裂隙发育程度的不同，在不同的地区其隔水性能也有差异。

③ 侏罗系中统安定组(J_2a)相对隔水层：安定组地层基本为全区分布。岩性以暗紫红色砂质泥岩为主，与上覆的志丹群地层相比，泥岩及砂质泥岩的含量增加明显，沉积稳定，与砂岩类为互层结构，隔水性能较好。

④ 中下侏罗统延安组($J_{1-2}y$)隔水层：为延安组含煤地层内的相对隔水层，岩性以细～粉砂岩及泥岩为主，呈互层结构，沉积层理发育，属于煤系中的隔水层。

2.2.5 松散含水层与煤层空间赋存关系

(1) 松散层分布特征

研究区内松散层厚度具有明显的东薄西厚的特征，一般为 0～90 m，平均 52 m，在研究区西部的乌审旗呼吉尔特矿区一带最厚可达 160 m 左右；在中部榆神矿区、榆横矿区一般厚度大于 30 m；神府矿区松散层厚度较薄，大多区域其厚度均小于 20 m，如补连塔、活鸡兔等井田，仅在地表河流的一级阶地和河漫滩中厚度较大；在乌兰木伦河北岸大多缺失乌素组冲湖积砂层，如大柳塔、哈拉沟等井田，只局部赋存于黄土沟壑区的裂隙孔洞中。

(2) 煤层上覆基岩厚度特征

如图 2-9 所示，由于受向西倾斜的单斜构造控制，1^{-2}煤层上覆基岩层厚度同样具有较为明显的东薄西厚的分布特征，在研究区东部的神东矿区，局部受沉

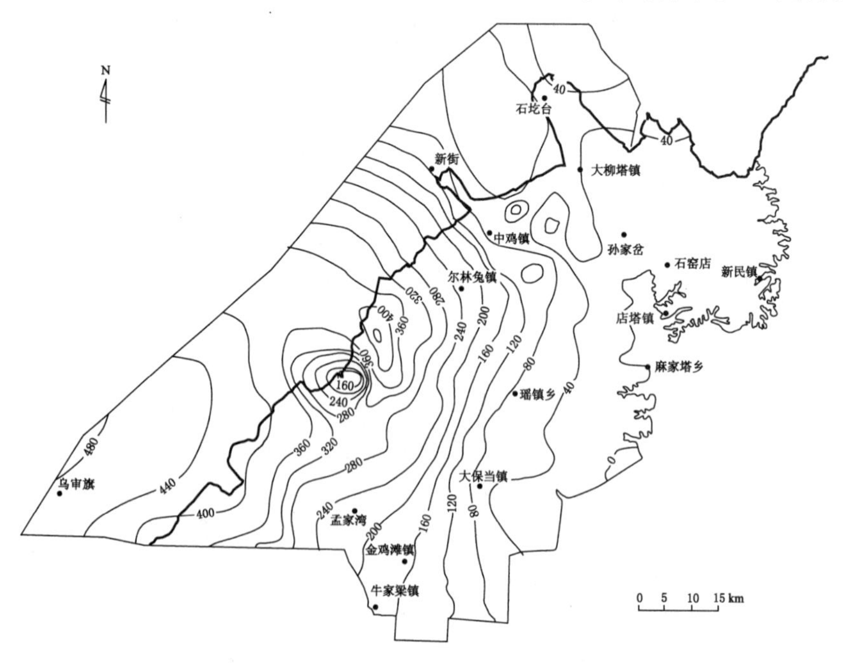

图 2-9 1^{-2}煤层上覆基岩厚度等值线图

积因素的影响，有急剧增厚、变薄甚至缺失的现象，其煤层上覆基岩厚度一般小于 50 m，在新民镇一带最小不足 10 m。在中部榆神矿区的中鸡镇—瑶镇乡一带，基岩厚度 50～100 m，总体上呈南北条带状展布。西部地区一般均大于 200 m，且自陕西省向内蒙古自治区境内厚度均匀增大，在内蒙古自治区呼吉尔特矿区厚度可达 500 m 以上。

(3) 松散层地下水补、径、排特征

大气降水是研究区地下水的主要补给来源。《鄂尔多斯盆地地下水勘查研究》在内蒙古乌审旗河南乡（蒙陕矿区深部地区）对风积沙覆盖层潜水入渗与潜水蒸发进行了原位试验，获得风积沙的次降雨入渗系数高达0.81[122]。据前人研究成果，研究区降雨入渗补给约占总补给量的 80%[123]。

潜水的径流主要受地形与地貌的控制，在研究区中西部矿区属黄河水系，地下水主体流向为由西向东，一般受地表河流沟谷的切割，潜水含水层易形成相对独立的水文地质单元。如神府矿区补连塔井田，井田周边有乌兰木伦河、呼和乌素沟、活鸡兔沟形成的地表沟谷圈闭，沟谷之间形成地表与潜水的分水岭，大气降水补给后潜水向分水岭两侧径流排泄，进而排泄至乌兰木伦河。在矿区深部的内陆水系，潜水总的径流趋势为由北向南，因地势平缓，地形高差较小，因此潜水径流缓慢，自然水力坡度 0.05%～0.17%。

矿区气候干燥，蒸发强烈，潜水的排泄主要以蒸发蒸腾排泄为主，其次向地表水体排泄，如矿区黄河水系基本上均为地下水补给地表水体排泄模式，地下水补给量占 80%左右[124]。随着矿区煤炭资源的开发，地下水排泄条件正发生着重大变化，特别在规模化开发强度最高的神东矿区，由于煤层埋深浅，采掘扰动形成的导水裂缝带间接或直接揭露含水层，使地下水通过导水裂缝进入采掘空间，形成矿井涌水。同时潜水含水层地下水埋深增大，甚至疏干，蒸发排泄量锐减，因而矿区中浅部地下水排泄条件变化大，井下涌（排）水袭夺了蒸发排泄和向河流排泄量。

(4) 煤层开发的矿井充水特征

煤层开发过程中，由于采掘扰动形成的导水裂缝直接揭露或间接沟通其影响范围内的水体（地下水、地表水、老空水）等，造成部分地下水资源流失，形成矿井涌水。

在矿区浅部由于采掘煤层埋深浅，上覆松散含水岩组多（风积沙、萨拉乌苏组、白垩系志丹群等）、厚度较大，直接接受降雨补给条件好，基岩厚度小，隔水层少且厚度薄（松散含水层间无有效隔水层）。在大规模、高强度的采掘扰动影响下，其顶板充水水源以松散含水层地下水为主（风积沙、萨拉乌苏组、白垩系志丹群等含水岩系），甚至存在水砂同涌的充水特征。如 2007 年补连塔矿 31401 综采工作面回采过程中出现多次较大的松散层涌水，最大涌水量达 400 m^3/h；2011 年 5 月，柠条塔矿在南翼开采 2^{-2}煤的 S1210 首采工作面，顶板松散层突水量达到 1 200 m^3/h。神东矿区的大柳塔煤矿、上湾煤矿在掘进过程中也发生过多次松散层突水溃砂事故。

在研究区的深部矿区，目前由于采掘煤层埋深较大(大于 500 m)，煤层上覆基岩厚度大，松散含水层与基岩含水层水力联系弱，顶板充水水源以延安组、直罗组基岩裂隙地下水为主，具有涌(突)水量大而稳定的充水特征。

2.3 煤炭开发与地下水环境

2.3.1 煤炭资源开发现状

陕蒙现代煤炭开采区具有独特的资源优势，是国内外少有的煤炭、石油、天然气、岩盐等矿产资源富集区，四大资源不仅储量大、品质优，而且组合配置条件好。其中煤炭资源不仅储量巨大，而且煤层厚、煤质好、埋藏浅、易开采，是优质的动力煤、液化煤、气化煤和环保煤。目前，预测储量 8 600 亿 t，探明储量1 445 亿 t，是世界七大煤田之一。如图 2-10 所示，目前神华集团、陕煤集团已规模化

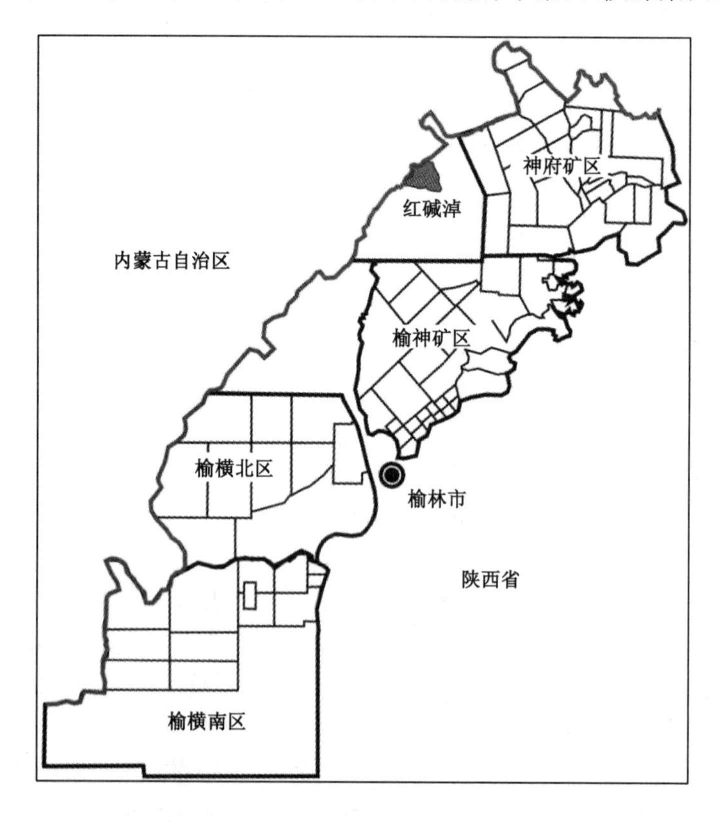

图 2-10 研究区侏罗纪煤田开发图

开发浅部的神东矿区(榆神矿区和神府矿区)。据统计,2014 年神东矿区神华集团神东分公司原煤产量达到 3 亿 t,约占全国原煤产量的 10%。

陕蒙煤炭开采区大面积、规模化、高强度开发煤炭资源始于 2000 年左右,其采煤工艺较之传统开采方法具有一次开采面积大、一次采高大、回收率高的特点。如神东煤炭基地内,已建成了以补连塔、大柳塔、柠条塔、红柳林、上湾等煤矿为代表的多个千万吨级矿井群。十多年来,神华集团神东分公司先后建成全国第一个 1 000 万 t、2 000 万 t、3 000 万 t 超高年产量矿井,相继创新了第一个 300 m、400 m、450 m 超宽工作面,首创了世界上第一个 5.5 m、6.3 m、7 m 超高工作面,资源回采率在 80%以上,采掘机械化率达到 100%。其中,2014 年大柳塔煤矿、补连塔煤矿年产量分别达到 3 800 万 t、3 500 万 t,如此规模化、高强度、现代化的煤炭开采,代表着世界最先进水平。

在陕蒙煤炭开采区的内蒙古自治区境内,即侏罗纪煤田的深部,目前以中煤能源集团为主正在开发建设榆横(北区与南区)、呼吉尔特、新街和纳林河矿区。据《内蒙古自治区鄂尔多斯呼吉尔特矿区总体规划环境影响评价》报告显示(表 2-4),到 2020 年,陕北和神东能源基地煤炭年产量将超过 7 亿 t。总的来说,矿区规模化开发侏罗纪煤炭资源的强度、深度、范围将进一步扩大。

表 2-4　　**矿区煤炭产量统计表**　　百万吨/年

基地	矿区	产量/(Mt/a)	备注
神东基地	神东矿区	>300	2014 年实际统计产量
	纳林河矿区	110	2015～2020 年规划产量
	新街矿区	48	
	呼吉尔特矿区	110	
陕北基地	榆横矿区(北区)	33	
	榆横矿区(南区)	9.3	
	榆神矿区	59	
	新街矿区	48	

2.3.2　矿坑涌水特征

研究区小型煤矿一般都采用房柱式、巷柱式甚至硐式等落后的采煤方法,这些采煤方法对煤层上覆岩层的破坏较小,一般不会使含水层破坏和潜水水位下降。而大型煤矿多采用长壁垮落式等现代化开采工艺,这种粗放型开采方法易造成地下水水位下降,如表 2-5 所列。通过针对大型现代化矿井在生产阶段矿井涌水量的调研,总结研究区矿坑涌水特征。

表 2-5　　神府榆矿区主要煤矿矿井涌水量

序号	矿井	2014年产量 P /(Mt/a)	矿井涌水量 Q /(m^3/h)	富水系数 K_p	矿区
1	石圪台	11.97	1 218	0.891 2	神府
2	哈拉沟	16.16	353	0.191 3	神府
3	大柳塔	17.84	448	0.220 0	神府
4	补连塔	12.50	512	0.500 0	神府
5	活鸡兔	20.67	413	0.175 0	神府
6	孙家岔	4.00	80	0.175 2	神府
7	柠条塔	20.15	660	0.286 9	神府
8	张家峁	9.99	200	0.175 4	神府
9	红柳林	15.00	240	0.140 2	神府
10	榆家梁	18.00	151	0.073 5	神府
11	三道沟	10.67	46	0.037 8	神府
12	榆树湾	8.00	594	0.650 4	榆神
13	锦界	19.26	3 698	1.682 1	榆神
14	金鸡滩	4.00	139.11	0.304 7	榆神
15	杭来湾	8.27	—	—	榆神
16	凉水井	4.53	338	0.653 6	榆神
17	薛庙滩	1.67	—	—	榆神
18	麻黄梁(双山)	3.33	—	—	榆神
19	小纪汗	5.00	700	1.226 4	榆横
20	榆阳	2.00	1 357	5.943 7	榆横
21	巴彦高勒	3.81	360.8	0.829 6	呼吉尔特
22	纳林河二号	0.75	406.47	4.762 8	纳林河

根据公式 $K_p=Q/P$，其中 K_p 为矿井富水系数；Q 为某一时期(通常为 1 a)内矿井(或采区)排水量；P 为同一时期的煤炭开采量。经计算，研究区平均吨煤排水系数为 1 m^3/t。

以大柳塔矿井和补连塔矿井为例，两矿位于乌兰木伦河两侧，距离较近，但井田地形地貌差距较大，位于黄土沟壑区的大柳塔矿井吨煤富水系数为 0.22，位于风积沙区的补连塔矿井吨煤富水系数为 0.5。柠条塔井田以肯铁岭河为界分南翼与北翼，先期开采的北翼属黄土沟壑区，矿坑涌水量仅为 90 m^3/h，南翼属风积沙区，矿坑涌水量达到 1 200 m^3/h。上述分析说明了采掘煤层上覆岩层特征与地表地形地貌特征对矿坑排水量起到控制作用。

2.3.3 地下水变化动态

以煤炭资源开发强度最高的神府矿区为例，榆林市水利部门在哈拉沟井田设置 512 号水位观测井，该观测井距离大柳塔井田边界约为 5 km。如图 2-11 所示，通过绘制 512 号观测井的地下水位动态变化曲线（1991～2013），可以看出，在 1991 年至 1999 年煤炭开采初期，该区域地下水位变化比较稳定，地下水位主要受降水影响。但是 2000 年后，随着煤炭资源的大规模开采，地下水位埋深增大，地下水位呈现出持续下降趋势，虽然在 2004 年、2005 年有所回升，其主要原因是煤炭价格较低，产量有所减少而出现的阶段性回升。2009 年后，煤炭价格提升，矿区煤炭产量增加，在地区降雨增加的条件下地下水位下降明显，因此，煤炭产量与地下水位埋深表现出较高的相关性。

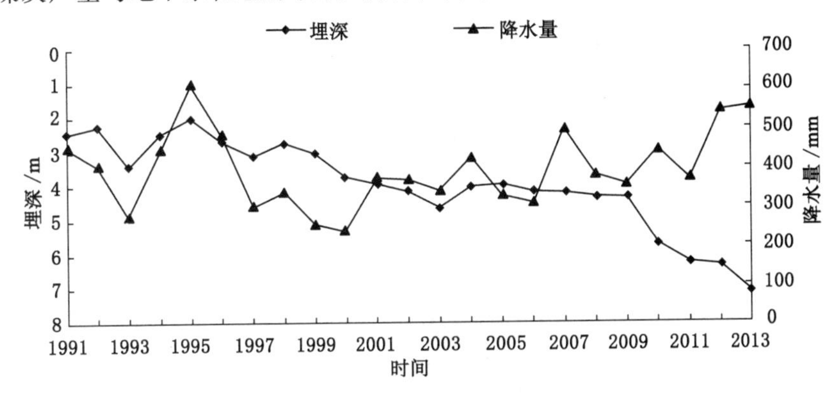

图 2-11　地下水位-降雨量动态

与煤炭资源开采的历史相对应，分别绘制了 1994 年、2014 年地下水埋深等值线图，如图 2-12 所示。

总体来看，在煤炭资源开采期间，研究区地下水埋深大的区域面积增加，也即地下水位下降；埋深小的区域面积在减少，下降区增大的时段与煤炭的高强度开采期吻合度高，表明煤炭开采对地下水的影响是显著的。如图 2-13 所示。

2.3.4 地下水与生态环境特征

陕蒙侏罗纪煤田（陕北、神东煤炭基地）位于西部干旱与半干旱区，是我国煤炭资源最为丰富的地区，也是水资源最贫乏的地区，占有 60％的煤炭资源量，但仅有 8％的水资源量，因而研究区是典型的资源性缺水地区。高强度煤层开采过程中不可避免地对地下水环境造成影响或破坏，产生了大量的矿井水，根据 2012 年全国 26 个省（区、市）统计，近年煤矿每年实际排水量达 71.7 亿 m^3。在区内侏罗纪煤田规模化、机械化开发过程中已出现了地面塌陷、地裂缝发育、地

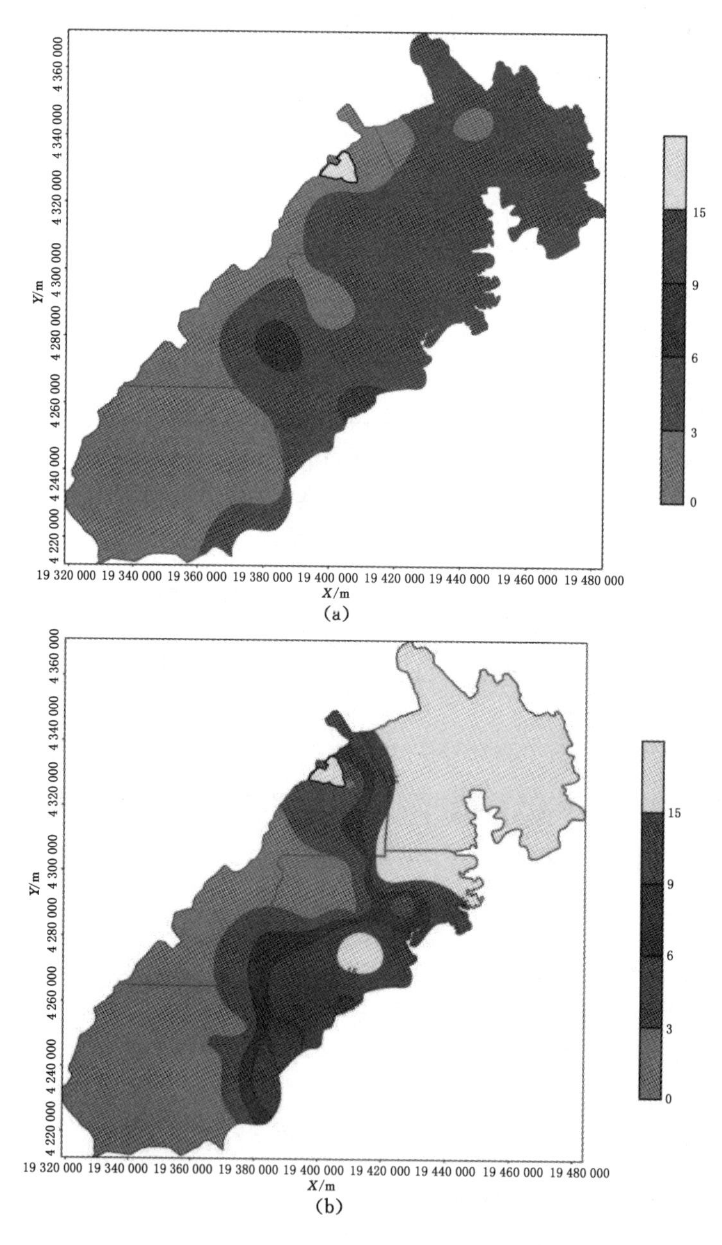

图 2-12 榆神府矿区地下水埋深等值线图

(a) 1994 年;(b) 2014 年

下水水位下降、泉水干涸、河流基流锐减、断流、荒漠化加剧等一系列环境地质及生态问题。据报道,2004 年神木县内煤矿塌陷区面积达到 27.72 km^2,损坏各类建筑物 2 160 间,损坏各类农林用地 41 500 ha。据不完全统计,神东矿区内 10

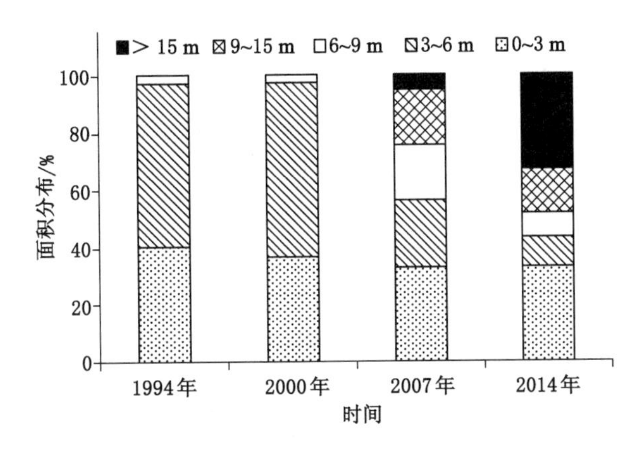

图 2-13 榆神府矿区地下水埋深面积分布

多条河流均已基本断流，大柳塔井田周边 20 余处泉眼干涸，补连沟于 2007 年左右断流，张家峁井田由于地方煤矿的开采，地表水体和泉眼由采前的 115 处锐减至 13 处(2010 年)，黄河的主要支流窟野河(乌兰木伦)由于上游地下水补给锐减已转变为季节河。据环保部门估算，仅由于煤炭资源开发致使地下水水位下降而造成植被破坏面积达到了17 300 ha。

2000 年神华集团神东分公司进行了矿区供水水资源调查，结果显示，矿区地下水、矿井水和污水处理复用的水资源量合计为 7.21×10^4 m^3，至 2013 年每天仅生产生活用水量已经达到$(25\sim37)\times10^4$ m^3，加上生态用水，维持矿区正常生产生活已经存在一定的困难。矿区水资源需求量远远大于可供给量 3～5 倍，矿区水资源供需矛盾将十分尖锐。水资源和环境问题成为矿区煤炭资源开发最重要的制约因素，随着社会经济的发展，矿区大部分地区已进入或即将进入资源性缺水阶段。

2.4 小　　结

(1) 陕蒙现代煤炭开采区位于陕北黄土高原与毛乌素沙漠的接壤地带，按地貌成因和形态类型划分，西部为风积沙区，东部为黄土沟壑区；东西地表水系基本以陕蒙省界为边界，西部属内陆水系，东部属黄河水系。

(2) 研究区煤层埋藏深度受单斜构造控制，呈现较为明显的东浅西深的赋存特征，东部为煤层浅埋区(埋深一般小于 200 m)，在研究区东北部存在煤层隐伏露头，煤层埋深小于 80 m，神东矿区内煤层埋深变化较大；中部榆神矿区沿大保当镇—尔林兔镇—中鸡镇由南向北一线，煤层埋深较为稳定，埋深一般大于 200 m；西部为煤田深埋区(埋深一般大于 500 m)，呼吉尔特矿区乌审旗一带最大埋深大于 800 m。

(3) 研究区地表大部分地段被松散地层覆盖，松散层介质(第四系风积沙、萨拉乌苏组)质地较为均一，结构松散，孔隙率大，易于接受降雨补给，是研究区最具有供水意义和重要生态价值的含水层。总体上研究区松散层厚度呈从东向西、从北向南递增的变化规律。在西部的呼吉尔特、新街等矿区松散层厚度在 50 m 以上，最厚可达 160 m；在中部榆神矿区、榆横矿区一般厚度大于 30 m；神府矿区松散层厚度较薄，大多区域其厚度均小于 20 m；在乌兰木伦河北岸大多缺失萨拉乌苏组地层，如大柳塔、哈拉沟等井田，局部赋存黄土沟壑区裂隙孔洞型潜水，富水性较差；煤层上覆基岩厚度同样具有明显的东薄西厚的分布特征，煤层上覆基岩厚度小于 50 m 的区域主要分布在浅部的神东矿区，厚度 50～100 m 的区域分布于中部的榆神矿区，深部矿区一般均大于 200 m，且自陕西省向内蒙古自治区境内厚度均匀增大，在内蒙古自治区呼吉尔特矿区厚度可达 500 m 以上。

(4) 陕蒙现代煤炭开采区在规模化、机械化开发过程中已出现了地面塌陷、地裂缝发育、地下水水位下降、泉水干涸、河流基流锐减甚至断流、荒漠化加剧等一系列环境地质及生态问题，制约着我国大型煤炭基地“安全、持续、绿色、生态”的可持续发展战略。

3　煤炭开采区地下水环境系统及其特征研究

我国西部地区生态环境脆弱，地下水是西部干旱区水资源最主要的组成部分。研究区规模化、高强度的煤炭资源开发不可避免地对地下水资源产生影响或破坏，进而引发一系列的生态环境负面响应。本章根据陕蒙现代煤炭开采区水、煤、环的赋存条件以及现代化煤炭开发特征，重点针对研究区地下水环境系统的相关概念与内涵进行探讨，以便对矿区地下水扰动机理深入研究。

3.1　地下水环境系统概念

3.1.1　地下水系统与地下水环境系统

地下水是指赋存于地表以下岩土体孔隙、裂隙、溶隙溶洞中的水；由若干相互作用和相互依赖的事物有序组合的整体称为系统。

《地下水系统划分导则》中定义地下水系统概念是指由边界围限的、具有统一水力联系、统一地下水循环规律、具有某种特定功能的含水地质体[125]，包括地下水含水系统和地下水流动系统。地下水含水系统由含水介质和相对隔水介质组成，在概念上更侧重于介质的空隙特性。地下水流动系统是指由源到汇的流面群构成的、具有统一时空演化过程的地下水统一体，即沿统一的水流方向，发生有规律性的运动和演变，如水量交换、溶质（盐量）交换、热量传递等演变形式，体现了在时间和空间上的动态平衡性、规律性。

如图 3-1 所示，地下水流动系统可以进一步划分为局部、中间和区域流动系统[126]。可以看出，地下水系统的概念是以地下水渗流场的认识为基础的，强调了含水地质体的空隙结构、围限边界、水力联系以及系统的多层次性等。

环境是相对于某一中心事物而言的，围绕中心事物的空间范围、结构状态即构成了该中心事物的环境。从西部地区生态循环的角度讲，地下水环境是地质环境的重要组成部分，是连接地质环境与生态环境的桥梁，强调了地下水环境的生态功能是西部干旱区的核心功能。

本书综合了地下水系统与地下水环境的概念内涵，强调地下水的资源性，定义西部矿区地下水环境系统是指在一定空间范围内，以地下水体为系统中心，以控制地下水存储和运动格局的各种要素为系统结构，以地下水生态价值为核心

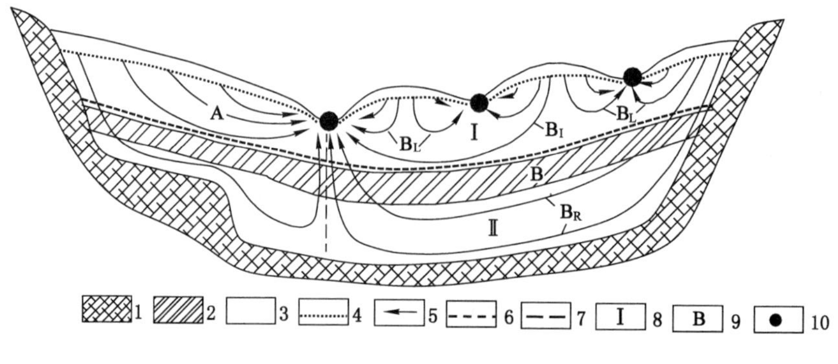

图 3-1　地下水含水系统与地下水流动系统示意图(王大纯等,1995)

1——隔水基底;2——相对隔水层(弱透水层);3——含水层(透水层);4——地下水位;5——流线;6——子含水系统边界;7——流动系统边界;8——子含水系统代号;9——子流动系统代号;10——地下水排泄点(河、泉等)

系统功能的整体,是地下水系统和地下水环境概念的综合体现。

3.1.2　地下水环境系统特征分析

地下水环境系统以具有生态功能地下水体为系统中心,研究进一步从系统的空间结构、范围、功能以及与人类活动关系的角度出发,将地下水环境系统分为结构控制层、水力驱动层和外围扰动层三个基本结构层。图 3-2 是地下水环境系统的构成因素分类。

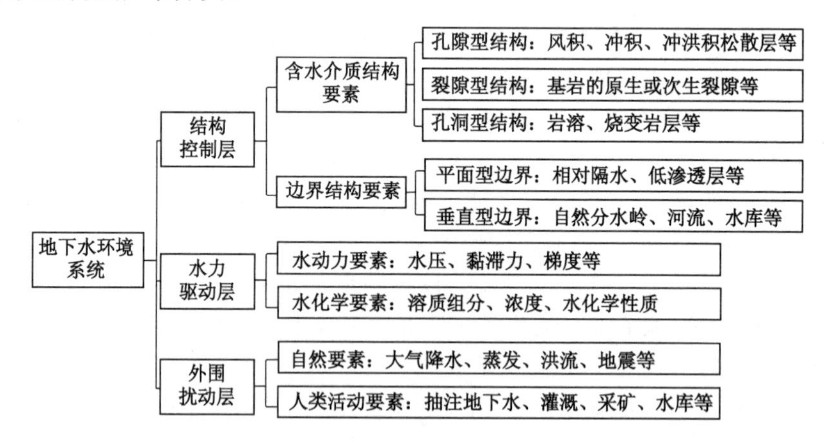

图 3-2　地下水环境系统组成要素分类

3.1.2.1　结构控制层及其构成要素

结构控制层是指构成地下水存储和控制地下水运动状态空间格局的各种要素的综合,与地层的成因、岩相分布、地质构造及地貌特征有直接的关系。一般来讲,其结构特征相对稳定,是地下水环境系统保持整体性以及功能性的基础要素。根据地下水存储和运动形式特点，结构控制层的构成要素可以分为含水介质结构要素和边界结构要素两个方面。

(1) 含水介质结构要素

根据地下水赋存地质岩体的孔隙、裂隙、孔洞结构特征，本研究的煤炭开采区可分为以下三类结构形式的地下含水介质：

① 松散层类孔隙含水介质。一般是指第四系风积、冲积、冲洪积层，其岩性一般为砂砾卵石、中细沙、含泥沙等松散类岩层。研究区近地表的第四系风积沙是主要含水介质，具有分布广泛、质地均匀、结构松散、孔隙率大、透水性好、调蓄能力强的特点，是地下水良好的储水空间，构成了区内最具资源和生态价值的含水岩系。

② 基岩类裂隙含水介质。位于风化层之下的相对完整的岩石被称为基岩，出露于地表的基岩称为露头。赋存于基岩的原生节理以及次生构造裂隙、风化裂隙中的地下水即为基岩裂隙水，该类地下水埋藏和分布具有不均一性和一定的方向性，富水程度受地质构造因素控制明显，水力流动具有明显的各向异性，较之松散含水层基岩裂隙水水力联系差，富水性一般。研究区延安组、直罗组等砂岩类地层是矿区主要基岩裂隙含水岩系。

③ 烧变岩孔洞-裂隙水含水介质。烧变岩是研究区特殊含水介质，是在地质历史时期，煤层露头发生自燃、围岩受烘烤后而形成的一种裂隙、孔隙发育特殊岩层，形成烧熔、烧变、烘烤特殊岩类，在研究区内主要分布于侏罗纪煤田浅部沟谷两岸煤层露头区。

(2) 边界结构要素

地下水环境边界系统是指含水介质之间(孔隙水、裂隙水等)、系统之间(局部、中间、区域)地下水水力联系、水力条件发生变化的界线，根据控制地下水流动方向的特征，可分为平面边界类和垂向边界类要素。

① 平面边界类：主要是指平面类地质界限，控制着地下水垂向流动的边界要素。如近地表的地下水潜水面直接与大气连通，接受大气降水直接补给，决定了该含水层地下水为潜水(不具承压性)的水力特征，同时也是外围扰动层与内部系统的边界；松散层下垫面一般为黏土类低渗透层或基岩层，地下水垂向运动不畅，即构成了松散类含水层的下边界，或地下水以该界面为准由达西渗流转化为裂隙流，地下水运动特征发生转化；当基岩裂隙含水层水位高于低渗透介质构成边界标高时，该含水层即具有承压的水力特征。因而，由于含水介质间平面边界系统的存在，控制地下水垂向流动形式，使地下水体的运动具有分层性、复合性。如图 3-3 所示，地下水环境系统在垂向上可划分为松散孔隙(L)和基岩裂隙(F)两个局部地下水环境系统。

② 垂向边界类：以垂向地质界限为准，控制地下水平面流动的边界要素。

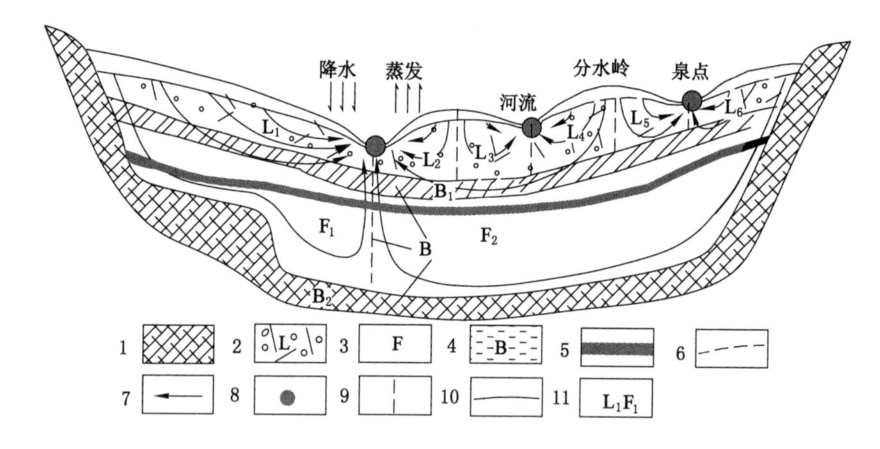

图 3-3　地下水环境系统示意图

1——隔水基底；2——松散孔隙含水结构；3——基岩裂隙含水结构；4——边界控制结构；5——煤层；6——水位；7——流线；8——地表水体；9——平面类边界；10——垂向类边界；11——子系统代号

如地表自然分水岭、河流或人类构筑等因素构成了地下水环境各级系统的外围边界。分水岭是区域地形地貌的最高界线，大气降水补给潜水含水层后，潜水以分水岭为边界向两侧流动，在两侧形成相对独立的流动系统；河流在区域上高程相对最低，一般是西部干旱区地下水循环最主要的源汇界面，河流两侧地下水在平面一般不具有水力联系，是垂向边界的主要表现形式。垂向边界系统控制了地下水在系统之间平面流动，如图 3-3 所示，以河流、自然分水岭形式的垂向边界将松散地下水环境系统(L)分为多个独立的子系统(L_1～L_6)。

平面上的潜水面边界、垂向上分水岭和河流边界等由于自然或人类活动的影响，系统边界在时空上具有波动性，如大气降水导致的潜水位降落、分水岭迁移、河流与地下水补排关系的逆转等现象，因而地下水系统边界具有时空四维性。

陕蒙矿区潜水的径流主要受地形与地貌的控制，地表河流、沟谷和分水岭是地下水环境系统主要的垂向边界。位于研究区中东部的神府矿区、榆神矿区、榆横矿区，均属黄河水系，一般受地表河流或沟谷的切割，潜水含水层地下水易形成相对独立的水文地质单元，一般地下潜水径流基本与地表径流一致，大气降水补给潜水后向分水岭两侧径流排泄，进而排泄至地表河流。在矿区深部属内陆水系(呼吉尔特等矿区)，因地势平缓，潜水径流缓慢。

3.1.2.2　*水力驱动层*

水力驱动层是指驱动地下水流动、能量传递、水质交换的各种要素的综合，包括水动力要素和水化学要素两个方面。水动力要素承担着地应力和孔隙(水)应力的传递，是驱动地下水流动的要素综合。水化学要素通过水-岩的物理化学作用，控制地下水环境系统中物质的交换。即使在无人类活动扰动下，在地下水环境系统的水动力驱动以及水-岩的物理化学作用下，地下水的补给、径流、排泄特征以及各种水量、水质交换关系也会发生改变，因而既有力的传递，又有物质交换，具有动态平衡的特征，是地下水环境系统保持动态平衡的水流动力要素。

西部干旱地区地下水主要接受大气降水的补给，排泄以潜水蒸发为主，其次为向地表水体的排泄，其潜水“源”、“汇”边界的空间标高控制着其水动力特征，如位于基地中东部的神府、榆神、榆横等浅部矿区，地形起伏较大，河流沟谷切割强烈，潜水水力梯度较大，基本上均为地下水补给地表水体排泄模式，地下水补给量占80%左右。

3.1.2.3 外围扰动层

外围扰动层简称外围层，是指打破或改变地下水环境系统（包括结构层和水力层）平衡的各种要素的综合。既有自然环境因素，如大气降水、蒸发、洪流、地震等，也有人类活动因素，如抽注地下水、灌溉、水库建设、井下采矿等。外围层控制着地下水环境系统的输入、输出，是地下水环境系统与自然环境、人类社会发生联系的综合系统。

陕蒙矿区是我国煤炭西进战略实施的主力矿区，多采用高回收率的现代化开采工艺，与传统开采技术方法相比，该工艺具有开采面积大、采高大、采空区面积大等特点，其一般工作面年产量在 1×10^7 t 以上。如此规模化、高强度、现代化的煤炭资源开发不可避免地造成了地下水环境影响或破坏，构成了地下水环境系统外围扰动层主要控制要素。

随着矿区煤炭资源的开发，地下水水动力条件正发生着重大变化，特别在规模化开发强度最高的浅埋煤层区，井下采掘扰动形成的导水裂缝带间接或直接揭露松散含水层，地下水通过导水裂缝进入采掘空间，使地下水“汇”流界面下移至采掘空间，加剧了地下水垂向流动，并形成矿井涌水。同时，潜水含水层地下水埋深增大，甚至疏干，蒸发排泄量锐减，井下涌（排）水袭夺了蒸发排泄和向河流排泄。

综上所述，蒙陕矿区以松散介质为主含水结构要素，以地形控制的边界结构和水力驱动要素共同构成了地下水环境的内部系统，人类规模化煤炭资源开采活动是地下水环境系统外围扰动层控制性要素。

3.1.3 地下水环境系统状态指标

地下水环境的内部系统是地下水保持状态稳定、功能正常的核心系统，用以表征地下水环境内部系统中各要素状态的参数即为地下水环境系统状态指标。

如表3-1所列，地下水环境系统的结构控制层要素（含水介质要素和边界结构要素）的状态指标主要包括介质的厚度、深度、孔隙率、渗透率、给水度、粒度、强度等参数；水力驱动层要素（水动力要素和水化学要素）状态指标主要包括地下水水压、水力梯度、水量、水温、溶质组分及其浓度等。2011年国家环境保护部发布的《环境影响评价技术导则 地下水环境》(HJ 610—2011)中提出了地下水环境背景值的概念:“指在未受人类活动影响的情况下,地下水所含化学成分的浓度值。”该值反映了天然状态下地下水化学环境自身原有化学成分的特性值,具体特指地下水化学环境状态中某种或多种化学成分的浓度指标值,其实质为地下水环境水力驱动层中水化学要素的状态指标体现。

表 3-1 地下水环境系统属性状态指标

系统结构	指标分类	状态指标
结构控制层	含水介质要素	含水层:厚度、埋深、孔隙率、渗透率、给水度等参数
	平面结构要素	低渗透层边界:厚度、埋深、孔隙率、渗透率、给水度等。潜水面边界:埋深
	垂向结构要素	河流边界:水位高程、流量。分水岭边界:高程
水力驱动层	水动力要素	水压、黏滞系数、水力梯度等
	水化学要素	浓度、温度、弥散系数、扩散性等
外围扰动层	自然因素	降水量、蒸发量
	人类因素	抽水量、注水量、开采强度、厚度等

状态属性指标的变化是地下水环境系统演化的定量体现。从地下水环境系统状态属性指标可以看出,引起地下水扰动因素众多,陕蒙煤炭开采区需要从煤炭采矿活动出发,研究采掘扰动影响下地下水环境系统各要素状态指标的响应机制。

3.2 地下水环境系统功能及其扰动因素分析

3.2.1 地下水环境系统功能

地下水环境系统的结构特征、边界特征、水力特征以及水岩物理化学作用等决定了系统的相关功能。如图 3-4 所示,陕蒙煤炭开采区地下水功能主要包括资源供给功能、生态维持功能、信息传递功能以及地质环境的调蓄功能和稳定功能等。

(1) 资源功能:水是人类赖以生存的、宝贵的自然资源,特别在半干旱与干旱的西北地区,降水稀少,蒸发量大,地表水资源奇缺,赋存于松散孔隙介质中的地下水体具有水量稳定、水质良好、分布广泛以及便于利用的特点,构成了研究区生活及工农业生产的基础供水水源,具有极强的资源供给功能。

(2) 生态功能:地下水环境是地质环境的重要组成部分,是连接地质环境与生态环境的桥梁,具有极其重要的生态功能。西部地区地下水水位下降易导致泉流量衰减、湖泊萎缩、植被退化和荒漠化等生态环境的负面响应;而水位上升

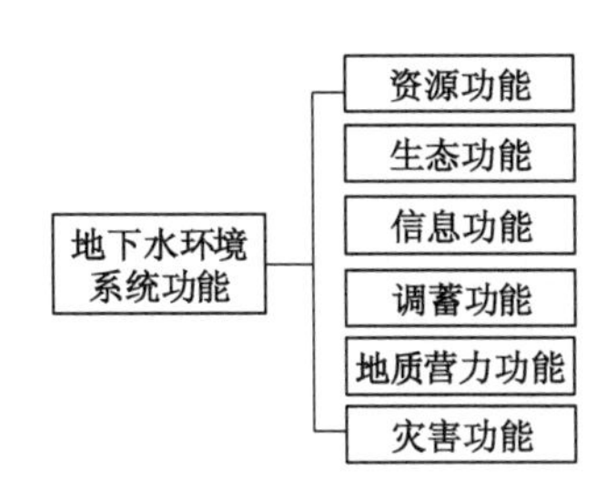

图 3-4　地下水环境功能

时由于强烈蒸发易导致灌区土地盐碱化等问题。

(3) 信息功能：地下水承担着地质环境应力的传递和热量、化学组分的交换或运移作用。由于水岩物理化学作用，可以根据水化学特征圈定隐伏矿体、分析水文地质条件等。

(4) 调蓄功能：西部地区地表松散层（如风积沙层等）具有分布范围广、厚度大（可达上百米）、孔隙率大及储水能力强的结构特征，决定了该岩层的地下水具有易蓄易采的特点，研究区充分利用该岩层的地下水以丰补欠的调蓄功能已建设较多地下水水源地，保障了缺水地区的水资源供给稳定。

(5) 地质营力功能：地下水水动力（孔隙水压力）与其赋存的岩体的地应力（围岩骨架承担的有效应力）共同构成地质环境的力学平衡系统。

(6) 灾害功能：西部干旱地区过量开采地下水，水位大幅度下降，岩体骨架有效应力增加，受到压缩，地面产生沉降。地下水位下降，已导致地区荒漠化的加剧；过量补充地下水，地下水位上升，孔隙水压力升高，有效应力降低，岩土体强度也将随之降低，从而导致滑坡、水库诱发地震灾害等；西部干旱地区易造成土地盐渍化与沼泽化。另外，在煤炭资源开采中，地下水向井下采掘空间排泄，易形成井下煤矿水害。

地下水环境系统功能共存于由含水介质、边界、水力、外围耦合构成的整体系统中，相互依存，相互制约，任一功能被过度强化或削弱都会引起其他功能的响应与变化。

3.2.2　地下水环境系统功能的扰动因素分析

本研究定义在外围扰动层因素影响下地下水环境系统某项或多项功能的削弱、消失、增强或增加即称为地下水环境系统的扰动。其实质为外围扰动层打破或改变了地下水环境系统（包括结构控制层、边界系统和水力驱动层）平衡，而引发系统功能的变化。排除外围扰动层中自然因素，突出人类活动对地下水环境系统的扰动，可将地下水环境系统分为原生和次生的地下水环境系统。

在一般地区，人类活动对地下水环境系统扰动表现在以下三个方面[图 3-5(a)]：

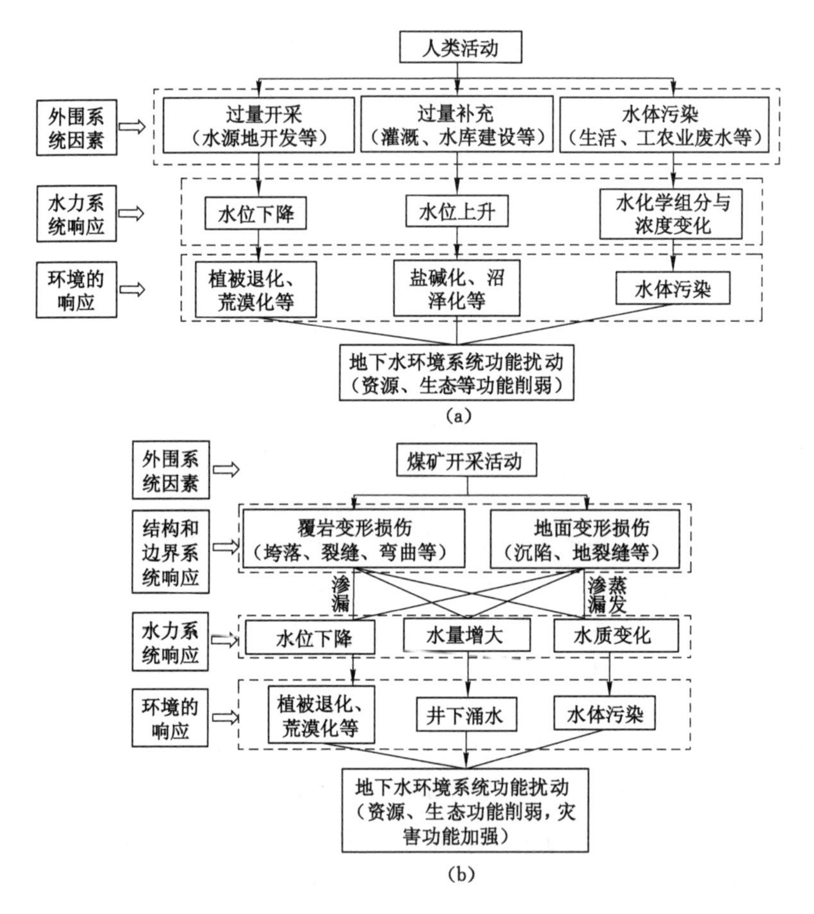

图 3-5　地下水环境系统演化扰动因素分析

(a) 一般地区；(b) 陕蒙现代煤炭开采区

(1) 直接开发或排出地下水(如水源地过量开采地下水、矿区矿坑排水等)；

(2) 直接补充地下水(农田引水、灌溉，平原水库等)；

(3) 污染物进入地下水(城市生活污水、垃圾污染物，工业废水、废渣，农业化肥、农药等)。

人类这些活动直接改变了地下水的质量、成分、能量与物质交换条件，从而引发进一步地质环境、生态环境负面响应。即外围扰动因素直接打破地下水环境的水力驱动层(包括水动力要素和水化学要素)是一般地区地下水环境系统功能变化的根本原因。

如图 3-5(b)所示，煤炭开采区地下水环境扰动表现在以下两个方面：

(1) 人类煤炭开采活动形成地下“空间”，出现结构性的“临空面”，围岩原位地应力场平衡被打破，发生应力集中、应力释放、应力传递和转移的现象，覆岩产生垮塌、开裂、层间离层、节理及次生裂隙再发育、弯曲及地表塌陷等响应。

(2) 如图 3-6(a)所示，采掘扰动形成的覆岩裂缝破坏了 B_3隔水边界的完整性，形成透水“天窗”，使松散层地下水环境子系统 L、基岩地下水环境子系统 F 沿透水“天窗”(覆岩裂缝)进入采掘形成的外围扰动层，使地下水形成了新的赋存形式——矿井积水 W_1[图 3-6(b)]，采空区顶部覆岩地下水被疏干，使潜水边界 B_2下移至采空区 B'_2处；地下水位下降后，局部的分水岭边界 B_5向未扰动一侧转移至 B'_5处，B_4边界消失。如图 3-6(b)所示，在靠近采空区一侧，地表水 W_2与地下水补排关系发生逆转，地下水流向发生变化，转化成地表水补给地下水的补排关系；由于潜水面边界的下移导致 W_3地表水体消失；W_4泉流量减小。

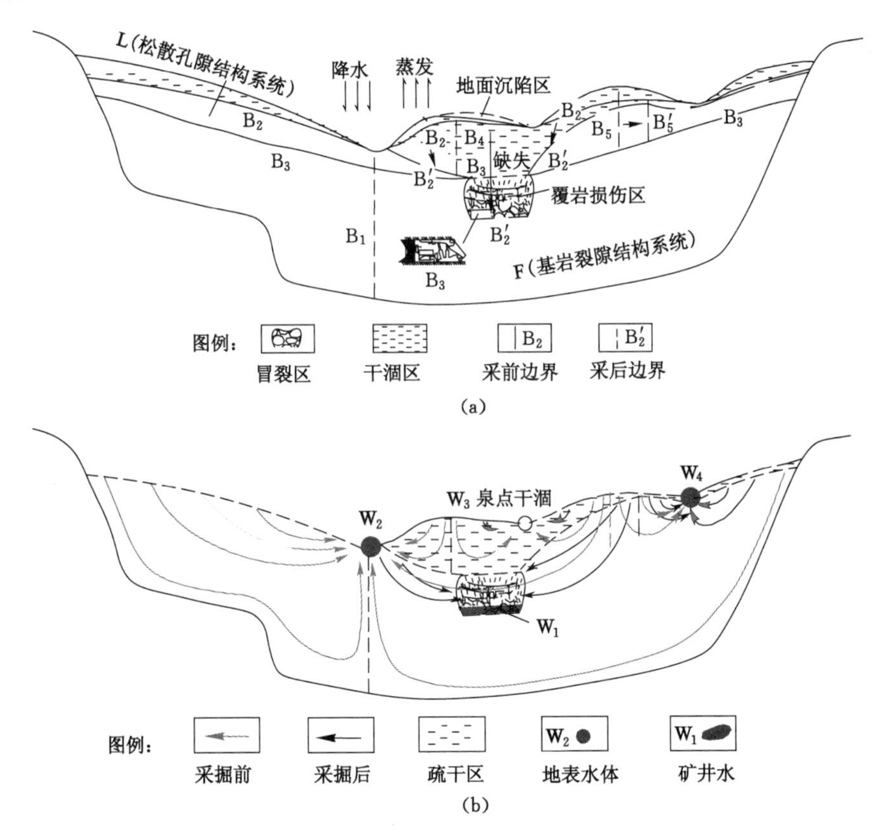

图 3-6　采掘扰动影响下地下水环境系统要素变化示意图

(a) 结构控制层变化；(b) 水力驱动层变化

综上所述，即采煤活动使覆岩至地表产生了垮塌、导水裂缝、变形、沉陷等，导致介质的含水、导水、储水、阻水能力发生改变，即地下水环境系统内部的结构和边界系统要素发生变异，由此产生地下水水位下降、井下大量涌水、水质污染等水力驱动层的响应。因而,矿区地下水环境“结构控制层”的扰动是地下水环境演变的根本原因。

煤炭开采区地下水环境系统强调了外围扰动层中人类规模化的采煤活动对地下水环境结构控制层扰动,从而引起水力驱动层的响应。因此,采煤活动是地下水环境系统功能演化的一个控制性的外部动力条件。

3.3 陕蒙现代煤炭开采区地下水环境系统分类

3.3.1 采煤对地下水环境系统破坏的基本形式

不同于我国其他矿区,现代开采区地处我国西北干旱地区,毛乌素沙地与黄土高原的接壤地带,以沙丘、沙地、黄土沟壑(包括土石山区)等为典型地形地貌,一般地表松散层厚度大,年降雨量仅为 350 mm,蒸发量达到 2 450 mm,唯一具有供水意义和重要生态价值的含水层位于侏罗纪煤层之上、近地表的松散含水层(包括风积沙、萨拉乌苏组、白垩系等松散介质含水层),因而本书中对地下水研究重点是以松散含水层为主;同时在现代开采区浅部的砂基浅埋型矿区(如神府矿区、榆神矿区),基岩厚度较薄(<100 m),煤炭资源开发时裂缝带易发育至地表风积沙等松散层,地下水易携带松散介质通过导水(砂)裂缝或断层带涌入井下,出现了溃水溃砂的水害类型,构成了地下水环境破坏的一种重要形式。依据“采动覆岩分带”理论,以现代开采区煤炭资源开发的不同阶段将地下水环境破坏总结为以下五种形式:

(1) 直接揭露型。在矿井建设和生产初期,井筒开凿与巷道开拓等活动直接揭露含水层,含水层地下水直接涌入井筒或采掘空间,形成了以矿井涌水的地下水排泄方式,如图 3-7(a)所示。

(2) 直接或间接沟通型。在工作面回采过程中,由于煤层采出,上覆岩层失去平衡,煤层顶板岩层垮落,采掘空间直接接触上覆含水层,即含水层位于采掘扰动形成的“垮落带”内,导致含水层地下水直接涌入采掘空间;或随着采空区范围逐步扩大,岩层垮落虽未接触到含水层,但采掘扰动形成的导水裂缝逐渐向上发展,当直接沟通上部含水层时,含水层地下水沿具有导水能力的裂缝涌入采掘空间,即含水层位于采掘扰动形成的“导水裂缝带”内,导致含水层地下水转化为井下正常涌水,形成新的地下水排泄方式。而且在现代开采区的砂基浅埋型矿区,由于埋深相对较浅,煤炭资源开发时裂缝带易发育至地表风积沙等松散层,地下水易携带松散介质通过导水(砂)裂缝或断层带涌入井下,形成矿井排水压力的同时,甚至出现溃水溃砂事故,同属此种模式,如图 3-7(b)所示。

(3) 越流补给型。煤层顶板有多个含水层时,当采掘扰动形成的导水裂缝未直接沟通上部的松散含水层,但由于直接揭露或沟通的基岩含水层地下水的

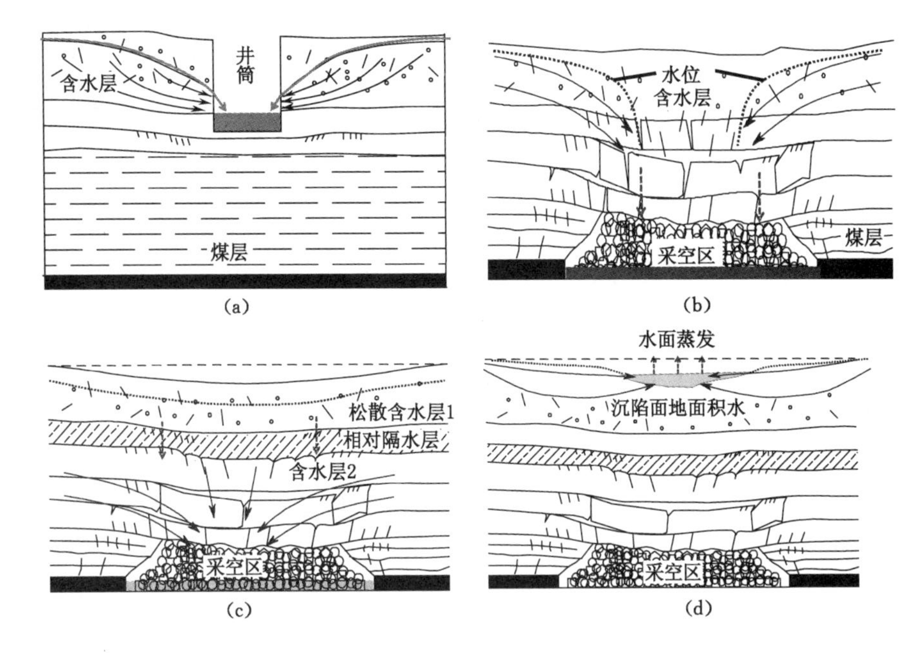

图 3-7　采煤对地下水系统破坏示意图

(a) 直接揭露型;(b) 直接或间接沟通型;

(c) 越流补给型;(d) 地表积水型

大量漏失致使含水层间水力梯度增高,这样将使含水层间越流量增大(上部含水层越流补给下部),同样使地下水发生不同程度的漏失,如图 3-7(c)所示。

(4) 地表积水型。现代开采技术较传统开采技术方法具有一次开采面积大、一次采高大、一次采空区面积大等特点。因而在工作面或采区回采结束后,受到采动影响的区域地表的标高下降,在采空区的上方形成面积远大于采空区的沉陷区域,当地表沉陷深度大于潜水埋深时,在沉陷区内地下水出露,可形成临时或永久性地表积水。因而地下水由潜水蒸发排泄转化为强度极高的水面蒸发,从而造成地下水资源的浪费。同时,地表沉陷对原井田内地形地貌产生影响,易形成周边地表汇水向内部补水。当产生地表裂缝可能沟通与井下采空区的水力联系时,增加了大气降水的入渗补给,如图 3-7(d)所示。

(5) 水质污染型。采掘活动对地下水水动力场环境影响的同时,对含水层水化学场存在影响:煤矿开采过程中,煤层覆岩结构的破坏可使不同化学属性含水层间发生水力联系,地下水会与煤、岩层接触,发生一系列物理、化学和生化反应,形成矿井水,矿井水的特性取决于成煤的地质环境和煤系地层的矿物化学成分;地面沉陷的形成导致埋深较浅的地下水出露于地表形成地面积水,因而地下水由蒸发强度较低的潜水蒸发转换成蒸发强度极高的水面蒸发,可引起高矿化度地下水的形成;矿区矿井水、生产生活污水的排放,煤矸石淋滤雨水的入渗,使各类污染物随地下水流动、扩散,会造成地下水的污染。

由上面几种矿区采煤对地下水破坏的模式来看,破坏模式是以采掘扰动形成覆岩破坏规律为响应基础,直接控制着地下水资源的流失的形式,地下水的破坏形式(包括水量和水质两个方面)一般是由一种或几种模式同时作用的结果,因而必须以具体的地质与水文地质条件、采煤方法、开发阶段等为研究基础。

3.3.2 陕蒙现代开采区地下水环境系统的分类

目前陕蒙煤炭开采区已建设有陕北和神东两大亿吨级能源基地,煤层开采地质与水文地质条件有较大的差异,根据表 3-2,在本书第 2 章分析矿区水-煤-环赋存特征的基础上,以地下水环境系统含水介质结构要素、边界结构要素特征,以及煤层开发为主的外围扰动层特征,将陕蒙煤炭开采区地下水环境系统主要分为三个类型,即浅埋煤层黄土裂隙型、浅埋煤层松散孔隙型和深埋煤层孔隙-裂隙复合型。

表 3-2　　矿区地下水环境系统类型划分标准

分区类型		浅埋煤层黄土裂隙型	浅埋煤层松散孔隙型	深埋煤层松散孔隙与基岩裂隙复合型
水文地质特征	含水系统	黄土裂隙含水系统	松散层孔隙含水系统	松散孔隙与基岩裂隙复合含水系统
	富水性	贫水	富水	富水
	松散类含水层厚度/m	0～30	30～50	>50
	隔水层厚度/m	—	10～80	80～160
	水位埋深/m	无水位	5～15	<5
煤田开发地质特征	煤层埋深/m	<80	80～300	>300
	基岩厚度/m	0～40	40～250	>250
	导水裂缝发育特征	至地表	至地表,易被风积沙填充	发育至基岩内
	保护层厚度/m	0	0	>0
	三水转化关系	大气降水、地表水沿地裂缝直接排泄至井下	松散层地下水沿导水裂缝带进入井下	基岩裂隙水沿导水裂缝涌入井下
	矿井涌水量/(m^3/h)	<90	>200	200～600
	矿井充水水源	黄土裂隙水	松散层孔隙水	基岩裂隙水

(1) 浅埋煤层黄土裂隙型地下水环境系统

地表基本无松散介质含水层覆盖,延安组含煤地层直接出露地表或被黄土、红土层覆盖,第四系土层不含水或含水微弱,一般为隔水层。如图 3-8 所示,由于采掘煤层埋深浅(一般小于 80 m),扰动覆岩裂缝直接发育至地表,干旱区降水稀少,仅在黄土沟壑谷底大气降水形成地表汇流后沿覆岩裂缝进入采掘空间。该类型井田基本位于研究区东部,地貌为黄土沟壑区,由于干旱降水少,矿井涌水量普遍较小,如神府矿区北部的大柳塔矿井涌水量小于 100 m^3/h(2012 年),柠条塔矿井北翼采区涌水量小于 90 m^3/h,张家峁矿井涌水量小于 50 m^3/h,生产生活的资源性缺水是该类型矿井地下水主要特点。根据以上地下水环境系统特征,因此可划分为浅埋煤层黄土裂隙型地下水环境系统。

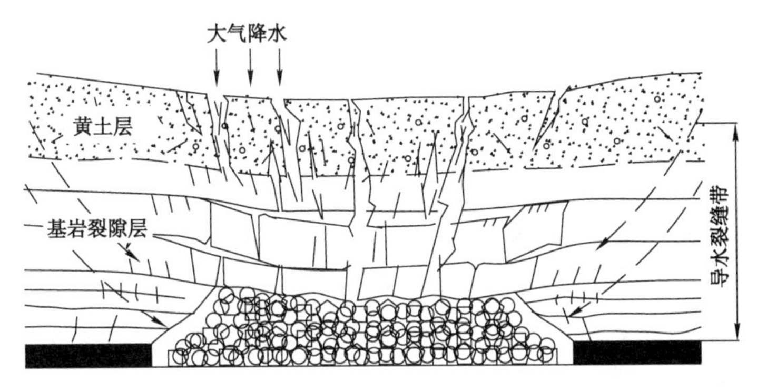

图 3-8 浅埋煤层黄土裂隙型地下水环境系统

(2) 浅埋煤层松散孔隙型地下水环境系统

如图 3-9 所示,第四系风积沙、萨拉乌苏组等松散地层直接覆盖在延安组含煤地层上面,介质厚度相对稳定,孔隙率大,透水性强,富水性较好,开采煤层埋深一般为 80～200 m,与松散层之间无稳定隔水层或隔水层厚度小。煤层的开采形成的扰动裂隙易突破松散层下覆的隔水边界,导致松散孔隙地下水沿采动裂隙渗漏至井下,形成较大的矿井涌水,甚至出现溃水溃砂的水害类型,采空区顶部松散层的含水层直接被疏干,矿井涌水以侧向补给为主。如神府矿区南部、榆神矿区北部的锦界、柠条塔南翼、红柳林等井田,其矿井充水水源以松散层地下水为主,矿井涌水量较大。其中风积沙覆盖稳定的锦界煤矿正常涌水量达到 5 000 m^3/h 左右;柠条塔井田以肯铁令河为界,南北两翼地貌形态差距较大,在风积沙覆盖的南翼首采工作面(S201)涌水量最大为 1 200 m^3/h,稳定在 600 m^3/h,而黄土覆盖的北翼全采区涌水量小于 90 m^3/h;补连塔井田内位于采场顶部的水文观测孔(如 SK29、BS5 等)在 2000 年左右均已被疏干。该类型地下水环境系统类型其煤-水问题最为突出,水资源丰富及矿井涌水量大是该类型矿井地下水的主要特点,可划分为浅埋煤层松散孔隙型地下水环境系统。

(3) 深埋煤层孔隙-裂隙复合型地下水环境系统

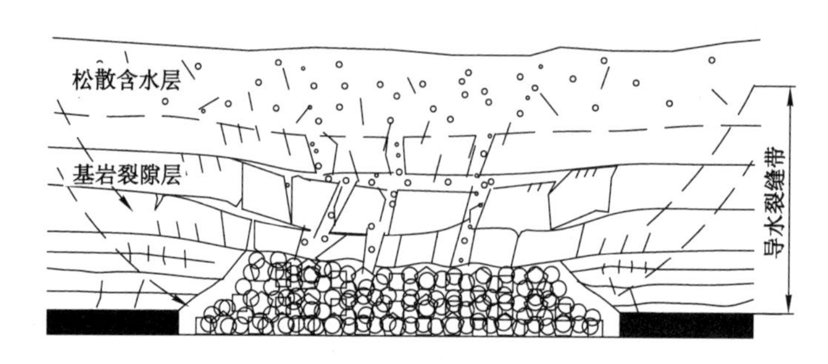

图 3-9 浅埋煤层松散岩类孔隙型地下水环境系统

如图 3-10 所示，第四系风积沙、萨拉乌苏组等松散地层厚度 100 m 以上，是良好的储水地层，富水性好，同时下伏有红土、黄土隔水层和厚层的直罗组、安定组砂质泥岩类相对隔水的岩层，厚度一般在 200 m 以上。底部的延安组含煤地层岩性以砂岩为主，由于厚度较大，采动裂缝发育至延安组地层内部，砂岩裂隙水通过采动裂缝易形成稳定的矿井涌水，上覆富水性好的松散层地下水受采掘扰动裂缝极小；采掘扰动在地面形成的地面沉陷区使潜水面边界下移，在水位埋深较浅的地段易形成地面积水，导致地下水由潜水蒸发转换成能力极强的水面蒸发，是松散层地下水流失的一种形式。

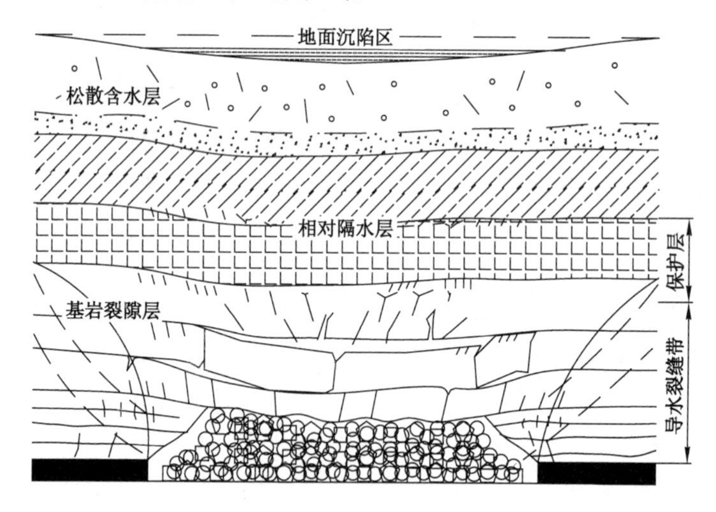

图 3-10 深埋煤层孔隙-裂隙复合型地下水环境系统

如榆神矿区深部、榆横矿区、呼吉尔特矿区、纳林河矿区等，最上部的可采煤层埋藏深度一般为 400～700 m，上覆基岩厚度在 300 m 以上，区域上具有较为稳定的红土隔水层，其厚度大多在 80～160 m 之间，煤层开采形成的扰动裂隙不能突破萨拉乌苏组含水层下伏的隔水边界，余留的保护层厚度仍在 100 m 以上。如图 3-11 所示，位于研究区深部的巴彦高勒煤矿，矿井涌水量一般为 200～300 m^3/h，充水水源为采掘扰动裂缝揭露的延安组和直罗组砂岩裂隙地下水。从水位动态可以看出，近地表的第四系和白垩系松散类孔隙地下水在矿井持续排水的情况下水位基本不变化。根据以上地下水环境系统特征，可划分为深埋煤层孔隙-裂隙复合型地下水环境系统。

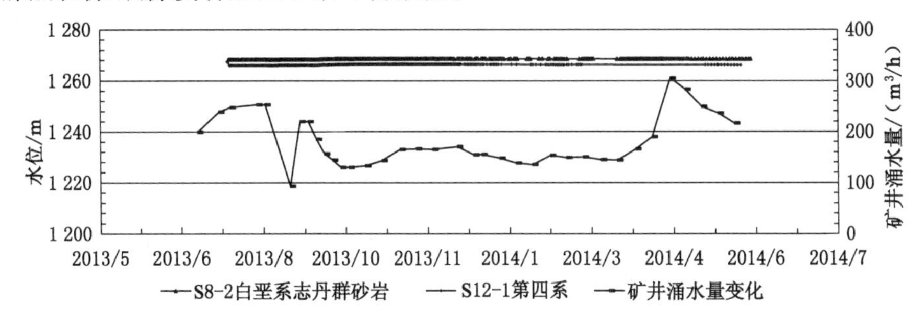

图 3-11　巴彦高勒煤矿矿井涌水量与地下水关系图

根据地下水环境系统类型特征，针对陕蒙煤炭开采区地下水环境类型进行平面分区(图 3-12)，在浅埋煤层黄土裂隙型地区，黄土沟壑纵横，地表无松散层存在，地下水资源贫乏，煤层埋深极浅，且靠近煤层露头区，从地下水资源保护的

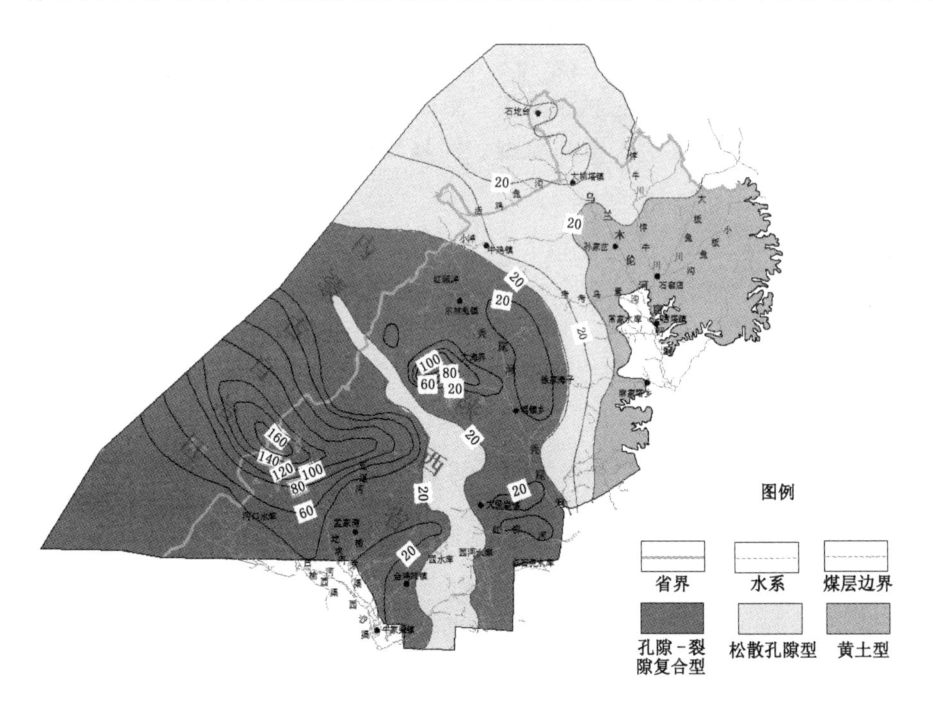

图 3-12　陕蒙煤炭开采区地下水环境系统类型分区示意图

角度来讲其研究意义较小；浅埋煤层松散孔隙型、深埋煤层孔隙-裂隙复合型地区，地下水资源丰富，生态价值高，为本研究关注的主要方面。

3.4 小　结

（1）研究区地下水环境系统是指在一定空间范围内，以地下水体为系统中心，以控制地下水存储和运动形式的各种要素为系统结构，以地下水生态价值为核心系统功能的整体，是地下水系统和地下水环境概念的综合体现。

（2）从系统的空间结构、范围以及功能内涵出发，将地下水环境系统分为结构控制层、水力驱动层和外围扰动层三个部分。结构控制层、水力驱动层共同构成了地下水环境的内部系统，内部系统控制着地下水环境系统的运行，则外围扰动层控制地下水环境的输入与输出。

（3）地下水环境系统的结构特征、边界特征、水力特征以及水岩物理化学作用等决定了系统的相关功能。西部干旱区地下水功能主要包括资源供给功能、生态维持功能、信息传递功能以及地质环境的调蓄功能和稳定功能等。

（4）人为直接打破地下水环境内部系统的水力驱动层（包括水动力场和水化学场）是一般地区地下水环境系统功能变化的原因，陕蒙煤炭开采区地下水环境结构控制层的扰动是地下水环境演变的控制性因素。

（5）根据地下水环境系统含水介质结构要素、边界结构要素特征，以及煤层开发为主的外围扰动层特征，陕蒙煤炭开采区地下水环境系统主要分为浅埋煤层黄土裂隙型、浅埋煤层松散孔隙型和深埋煤层孔隙-裂隙复合型三个基本类型。

4 煤炭开采对地下水环境系统扰动机理研究

采掘活动对地下水环境结构控制层的扰动是地下水环境演变的根本原因，覆岩体的损伤与变形是结构控制层扰动的主要表现形式。本章以采动附加应力变化—覆岩变形损伤—介质渗透能力变化—水力驱动层响应为分析研究的技术思路，分别采用物理相似材料模拟、数值模拟、实验室测试等手段对采掘扰动下地下水环境结构控制层的扰动机理和水力驱动层的相应机制进行了系统研究。

4.1 地下水环境结构控制层扰动机理

采掘扰动形成附加应力，应力重新分布使覆岩发生位移变形和损伤破坏两种类型的变化。因而，采掘扰动形成的附加应力是地下水环境系统“结构要素”发生损伤变形的“力”源，其应力状态决定了覆岩体变形与损伤类型和程度。

4.1.1 采动覆岩应力状态特征

4.1.1.1 附加应力状态分区

煤层开采形成采掘“临空面”，顶板覆岩层部分重力传递到周围未直接采动的岩体上，从而引起覆岩体内的应力重新分布。前人在研究地表沉陷及有关的岩石力学的著作中[127-128]，主要从地面沉陷的角度提供了典型的采矿岩层移动的示意图，如图 4-1 所示。图中根据采后覆岩位移变形规律，宏观地给出了覆岩受拉伸、压缩变形的区段，以及剪切破坏的断裂面等，对本研究具有较强的借鉴意义。

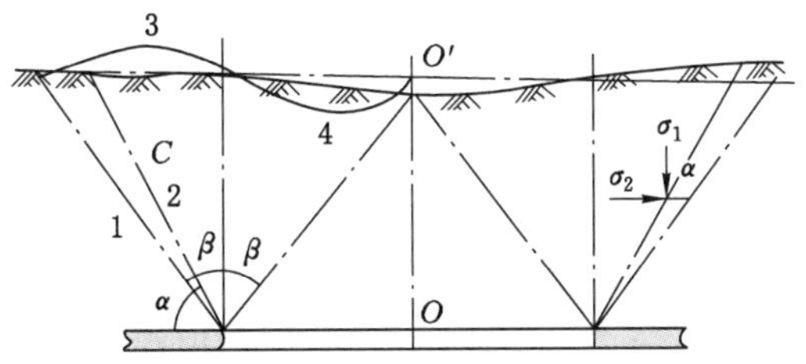

图 4-1 岩层移动概貌(钱鸣高,1991)

1——滑移面;2——断裂面;3——拉伸变形;4——压缩变形;

α——断裂角;β——滑移角

隋旺华教授应用弹塑性有限单元法分析手段，分别对陕北地区薄表土层（采掘煤层埋深较浅）、厚松散层（采掘煤层埋深较大）的覆岩条件下采动应力状态进行了分析[129]，并根据开采沉陷土体变形围岩内部主应力（最大主应力 σ_1 和最小主应力 σ_3）的大小、方向、性质（拉伸或压缩），将围岩进一步划分为拉应力区、拉压应力区和压应力区三类采掘后的应力状态区，如图 4-2 所示。

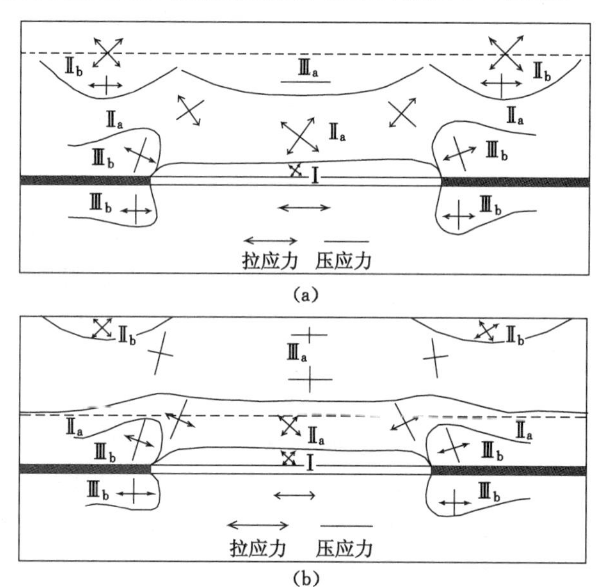

图 4-2　采动岩土体内主应力分区示意图（隋旺华，1999）

（a）薄表土层；（b）厚松散层

Ⅰ——采空区上部拉应力区；Ⅱa——采空区上方拉压应力区；

Ⅱb——顶部拉压应力区；Ⅲa——顶部压应力区；Ⅲb——支撑压力区

4.1.1.2　应力区变形、损伤的一般规律

综合前人的研究成果，以附加应力状态为依据，分析在各应力状态分区下覆岩发生损伤变形的一般规律。

（1）拉应力区

煤层回采后，由于采空区上部出现临空面，在直接顶和基本顶岩层中其最大主应力和最小主应力均为拉应力状态，倾角一般为 45°左右，当拉应力大于该区段岩土体的抗拉强度时，即岩体由采空区至上产生了垮落或上行裂缝破坏损伤；另外在工作面两侧煤岩柱上方近地表的区段，局部出现了双向拉应力状态，当拉应力大于土体的抗拉强度，即在地面沉陷边缘地带形成地裂缝，随着应力状态转变，地裂缝逐步尖灭。

（2）拉压应力区

在采空区两侧煤柱内侧，出现明显的压应力集中现象，最大主应力为压应力，方向近乎垂直，但逐渐向采空区内部偏转，在采空区正上方压应力近乎水平，从煤柱附近至采空区上部压应力逐渐变小；最小主应力为拉应力，其方向在煤柱两侧近乎顺层，至采空区中线上部一般与顺层高角度相交，当该区岩体某点应力大于岩体抗剪强度时，即发生剪切破坏，一般在采空区外围(拉应力区的外侧)形成上行裂缝的边界。

(3) 压应力区

在煤岩柱外围，采掘扰动影响较小，岩体基本为原岩应力状态，该区最大主应力和最小主应力均为压应力，最大主应力(压应力)为近垂直方向；在采掘煤层埋深较大或采空区尺寸较小时，在采空区正上方近地表区段，最大主应力(压应力)为近水平，岩体已发生一定的压缩变形。

采掘扰动附加应力是覆岩发生相应损伤和变形的力源，而覆岩垮落、次生裂缝、弯曲变形、地面沉陷等是地下水环境系统“结构要素”发生变化的主要表现形式。

4.1.2 采动覆岩结构变形损伤特征

采动覆岩应力状态决定了岩体变形损伤的类型和程度。目前，采矿与地下水研究的相关学者、技术人员对覆岩破坏与移动变形有较为一致的认识，即采场覆岩损伤变形具有明显的分带性，且存在对采掘空间上覆岩层局部或直至地表的全部岩层变形起控制作用的关键层。目前“覆岩分带”理论[120]与岩层控制的“关键层”理论[130-131]是采矿技术人员与学者针对地下水环境影响评价和保水采煤技术研发的最重要依据。

典型覆岩损伤变形主要是指不受采场尺寸、覆岩岩性及组合、煤层产状、采煤方法、应力状态等因素的制约，认为煤层开采后采场覆岩可划分为三种不同性质的破坏和变形影响带，由下至上依次分为垮落带、裂隙带和弯曲带，形成典型的“三带”结构，同时在地表形成地面沉陷区。因而，典型覆岩扰动可以总结为“三带一区”变形损伤规律，如图 4-3 所示。

(1) 垮落带

由于煤层采出，形成临空面，在采空区上部出现拉应力区(Ⅰ区)，上覆岩层失去平衡，由煤层直接顶板开始垮落，垮落范围随着采掘空间的扩大逐渐向上发展，直到采掘空间被垮落岩块充满。垮落岩块之间空隙较大，连通性强，是上覆岩层水、砂溃入井下的主要通道和储存空间。

(2) 裂隙带

又叫裂缝带，该带位于采空区上方拉压应力区(Ⅱ$_a$区)，采空区顶部以拉应力为主，当覆岩抗拉强度小于附加应力发生拉裂损伤，一般形成垂直或斜交于岩层的次生张裂隙，并与采空区连通。随着顶部拉应力的减小，拉伸裂缝程度一般

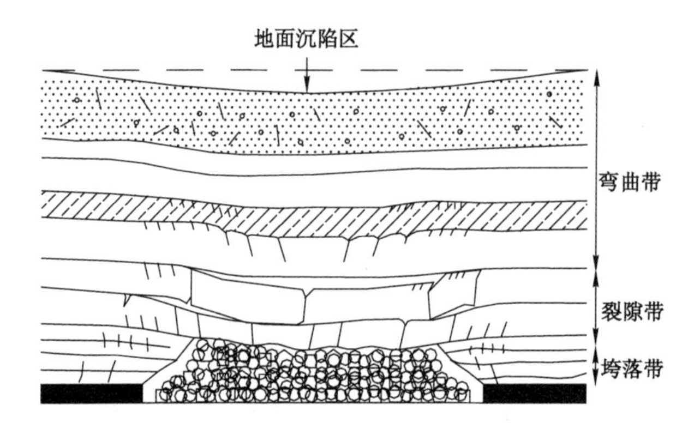

图 4-3 典型采动覆岩“三带一区”示意图

由下而上逐渐变弱。

总的来说，裂隙带由于次生张性裂隙的发育，与垮落带连通，被合称为冒裂带。从地下水环境扰动角度分析，冒裂带连通性与导水性强，易导致上覆岩层地下水沿次生裂缝通道直接进入采空区，形成矿井涌水，因而冒裂带又被称为“导水裂隙带”。导水裂隙带是地下水进入煤矿造成地下水环境、地下水资源破坏的主要因素。

(3) 弯曲带

裂隙带上方至地表的覆岩层即为弯曲带，位于采掘扰动形成的顶部压应力区($Ⅲ_a$区)，其最大、最小主应力均为压应力，覆岩发生压缩变形的同时整体向下移动，特别是当带内岩层为软岩层及松散土层时，岩层呈平稳的弯曲，没有大的断裂。弯曲带内岩层基本保持其原来的透水性能，但一般在冒裂带与弯曲带接触带上，由于软、硬岩间的不同步或不均匀变形，会产生阶段性的离层空间，离层空间的位置随着冒裂带的向上扩展不断上移，直到稳定。

根据弹塑性理论，在压应力区的压缩变形，使覆岩在不同区段上渗透能力不同程度减小。如图 4-4 所示，李涛博士在榆神府矿区通过采前采后钻探取样、原位压水试验、室内三轴渗透试验等多种试验手段测定了覆岩弯曲带内离石组黄土和保德组红土采动前、后隔水性能[132]。通过注水试验的结果显示，在近地表的顶部拉压应力区(HL3 钻孔)离石组黄土受拉裂式损伤，渗透系数增大了 1～2 个数量级。在开切眼附近拉压应力区(ZJ3 钻孔)采后离石组黄土和保德组红土拉伸作用愈加明显，渗透系数均增大了 2～3 个数量级。位于整体下沉带的离石组黄土(NT1)渗透系数增加不明显，而深处的保德组红土则受压缩作用，渗透系数较之采前略有降低。杜文凤在神东矿区利用地球物理手段探测出采前采后弯曲带覆岩含水性整体较为稳定的结论[133]，可见弯曲带渗透能力变异对地下水漏失影响小。

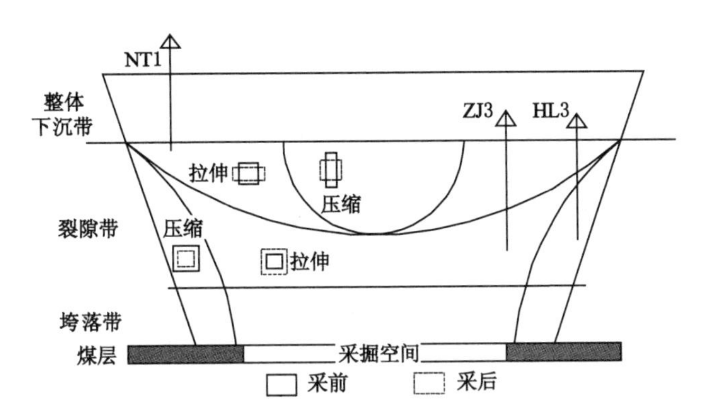

图 4-4 榆神府矿区离石组黄土和保德组红土采掘扰动示意图(李涛,2012)

(4) 地面沉陷区

弯曲带自下而上覆岩体向下的位移变形程度逐渐减弱,一直延伸至地表,在地表形成沉陷区。根据采掘扰动后应力状态分析,在沉陷区边缘地带为拉伸区(II_b区),会产生张性裂缝,其特点是上宽下窄,逐步尖灭。在浅埋煤层黄土覆盖型矿区(如神东矿区浅部地区)地表没有第四系松散地层覆盖(或很薄)时,在地表形成的张性下行裂缝易与井下上行冒裂裂缝沟通,从而成为地表水进入井下的导水通道。深部矿区(如呼吉尔特矿区、新街矿区)由于松散层地下水位埋深较浅,当地面沉陷区最低高程低于地下水水位时,易在地表沉陷区形成积水,地下水由潜水蒸发转换成能力极强的水面蒸发,从而导致沉陷区潜水流场发生变化。同时,地表沉陷区对原井田内地形地貌产生影响,对大气降水形成的地表径流条件、汇水条件、入渗条件产生影响。

4.2 地下水环境系统结构控制层扰动演化的模拟研究

本节主要采用物理相似材料模拟技术、数值模拟技术对陕蒙煤炭开采区不同地下水环境系统类型的覆岩裂缝发育规律进行研究分析。

4.2.1 浅埋煤层区顶板孔隙含水层扰动破坏特征

4.2.1.1 相似模拟试验

相似模拟试验是以相似理论为基础的模型实验技术,是利用事物或现象间存在的相似和类似等特征来研究自然规律的一种方法。它特别适用于那些难以用理论分析的方法获取结果的研究领域,同时也是一种用于对理论研究结果进行分析和对比的有效手段。它是以相似理论、因次分析作为依据的实验室研究方法。相似模拟试验研究方法目前在矿山、岩土、水利等诸多领域应用广泛。

相似理论实际上就是试验模型与试验原型之间需要满足的相似性质和规

律，包括三条相似定律：

（1）相似第一定律

考察两个系统所发生的现象，如果在其所有对应点上均满足以下两个条件，则称这两个现象为相似现象。

条件甲：相似现象的各对应物理量之比应当是常数，称为“相似常数”。相似材料模拟试验方法要求满足的主要是几何相似、运动相似和动力相似。

条件乙：凡属相似现象，均可用同一基本方程式描述。

（2）相似第二定律

约束两相似现象的基本物理方程可以用量纲分析的方法转换成用相似判据方程来表达的新方程，即转换成方程。两个系统的方程必须相同。

（3）相似第三定律

相似第三定律又称为相似存在定律，认为只有具有相同的单值条件和相同的主导相似判据时，现象才互相相似。

单值条件为：

① 原型和模型的几何条件相似；

② 在所研究的过程中具有显著意义的物理常数成比例；

③ 两个系统的初始状态相似，例如岩体的结构特征、层理、节理、断层、洞穴的分布状况、水文地质情况等；

④ 在研究期间两个系统的初始边界条件相似。

根据相似理论，欲使模型与实体原型相似，必须满足各对应量呈一定比例关系及各对应量所组成的数学物理方程相同，具体在矿山压力与岩层控制方面的应用，要保证模型与实体在以下三个方面相似：

几何相似：

$$\alpha_l = \frac{l_p}{l_m} \tag{4-1}$$

运动相似：

$$\alpha_t = \frac{t_p}{t_m} \tag{4-2}$$

动力相似：

$$\alpha_M = \frac{\gamma_p}{\gamma_m} \tag{4-3}$$

在重力和内部应力的作用下，岩石的变形和破坏过程中的主导相似准则为：

$$\frac{\sigma_m}{\gamma_m l_m} = \frac{\sigma_p}{\gamma_p l_p} \tag{4-4}$$

各相似常数间满足下列关系：

$$\alpha_\sigma = \alpha_\gamma \alpha_l \tag{4-5}$$

式中 l,t,γ,σ——长度、时间、容重、应力；

p——原型；

m——模型；

α_l——长度相似常数；

α_t——时间相似常数；

α_γ——容重相似常数。

上述三定律涵盖了相似理论的中心内容，它说明了现象相似的必要条件和充分条件。对于矿山压力方面的课题，由于描述其物理现象的微分方程难以在单位条件下进行积分，而应用第二、第三定律时，并未涉及此微分方程能否积分求解，因此，相似理论的应用就显得特别有价值。所以相似理论就成为相似材料模拟试验的理论基础。

(1) 试验背景

红柳林井田位于陕蒙现代煤炭开采区东端，毛乌素沙漠的南缘，属榆横北区，地表以风积沙地貌为主。井田综放开采的 5^{-2} 煤层，均厚约为 7 m，平均埋深为 190 m。主要含水岩系为第四系萨拉乌苏组和近地表风积沙孔隙潜水含水层，厚度一般为 15～30 m，富水性好，是矿区主要供水含水层。孔隙含水层系下伏直罗组砂岩及延安组煤系砂岩裂隙含水层，因而红柳林井田属浅埋煤层松散孔隙型地下水环境系统类型。

本试验以红柳林煤矿综采工作面为原型，采用物理相似材料模拟手段研究煤层综采工作面覆岩结构破坏特征及演化规律。根据该矿 H5 钻孔资料和室内岩石力学参数测试结果，选择骨料及胶结料进行配比试验，选定与计算参数一致的配比，满足相似要求。

根据相似理论确定如下相似常数：几何相似常数 $\alpha_L = 1/100$；容重相似常数 $\alpha_\gamma = \gamma_m/\gamma_p = 2/3$；时间相似常数 $\alpha_t = t_m/t_p = (\alpha_L)^{1/2} = 1/10$；应力及强度相似常数为 $\alpha_\sigma = \sigma_m/\sigma_p = \alpha_L\alpha_\gamma = 1/150$；弹模相似常数 $\alpha_E = E_m/E_p = \alpha_L\alpha_\gamma = 1/150$（其中：下标 p 表示原型，下标 m 表示模型）。

表 4-1 红柳林煤矿模型材料装填配比及分层厚度

序号	岩性	实际层厚/m	模拟层厚/cm	累厚/cm	配比				层数
					编号	河砂	石膏	大白粉	
1	煤	7.2	7	7	1.6	0.1	0.2	2.7	4
2	深灰色泥岩	1.7	2	9	837	14.2	0.53	1.24	1
3	中粒长石砂岩	35.21	35	44	846	14.2	0.71	1.07	1
4	厚层状粉砂岩	1.63	2	46	937	14.4	0.48	1.33	1

续表 4-1

序号	岩性	实际层厚/m	模拟层厚/cm	累厚/cm	配比				层数
					编号	河砂	石膏	大白粉	
5	深灰色块状泥岩	12.28	12	58	837	14.2	0.53	1.24	6
6	中粒长石砂岩	15.83	16	74	846	14.2	0.71	1.07	8
7	深灰色层状泥岩	0.8	1	75	837	14.2	0.53	1.24	1
8	中粒长石砂岩	8.48	8	83	846	14.2	0.71	1.07	4
9	浅灰色块状泥岩	2.35	2	85	837	14.2	0.53	1.24	1
10	厚层状粉砂岩	1.5	2	87	937	14.4	0.48	1.33	1
11	黄绿色黏土岩	0.8	1	88	928	14.4	0.32	1.28	1
12	绿色块状粉砂岩	3.32	3	91	937	14.4	0.48	1.33	2
13	灰绿色厚层泥岩	1.38	1	92	837	14.2	0.53	1.24	1
14	块状泥质粉砂岩	2.4	2	94	937	14.4	0.48	1.33	1
15	浅土黄色亚砂土	51.13	41	135	828	14.2	0.36	1.69	21
16	现代风积沙	7.3	7	142	用使用过的废料直接加水填装				1

注：模型总长度为 5.0 m，比例为 1∶100（几何相似常数为 100）。

模型以河砂作为骨料，石膏、大白粉作为胶结材料，和水按一定比例配制而成。模型具体的填装尺寸及材料配比如表 4-1 所列。模型填装完毕后如图 4-5 所示。

图 4-5　红柳林煤矿相似材料模拟模型

(2) 试验成果分析

通过人为间歇式切割煤层范围，以控制采掘进尺，现场持续观测岩层破坏损伤过程。试验显示，当工作面推进 60 m，覆岩冒裂带发育至煤层顶部约 18 m 处

[图 4-6(a)],煤层直接顶板岩层垮落,冒裂带内岩层垂直裂隙较为发育,并与下部的采掘空间贯通,同时向下发生较大的位移,导致在冒裂带顶部与上覆岩层之间出现了明显的离层空间。

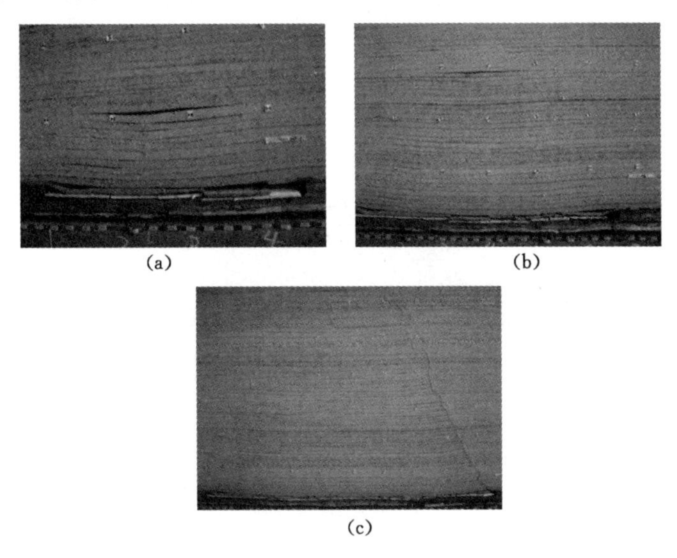

图 4-6　红柳林煤矿覆岩破坏相似材料模拟

(a) 推采 62 m;(b) 推采 120 m;(c) 推采 140 m

工作面采掘至 120 m 时,如图 4-6(b)所示,覆岩冒裂带发育至煤层顶部约 116 m 处,此时冒裂带(导水裂缝带)的裂采比(导水裂缝带与采掘煤层的比值)约为 16.5。离层空间逐步上移,且空间尺度范围变小,其下部岩体垂向裂隙发育,发育程度向下依次加剧,上部岩层垂向裂隙基本不发育,仅发生弯曲变形,表明在离层空间以上岩层已形成弯曲变形带,因而该阶段采动覆岩形成典型的"三带"结构。

工作面推进 130 m 时,覆岩冒裂带发育至煤层顶部约 128 m 处,此时冒裂带的裂采比约为 18。顶部离层空间逐步闭合,工作面推进 140 m 时,覆岩突然产生切落式垮落,地表出现明显的地堑式下陷,两侧的破断裂隙直接发育至地表,其岩层垮落角约为 60°,如图 4-6(c)所示。因此,冒裂带贯通性直接发育至地表,采动覆岩表现出典型的"两带"损伤破坏特征。

4.2.1.2　数值模拟研究

(1) 力学模型

应用基于有限差分的 F-RFPA^{2D}数值分析系统,对 5^{-2}煤层开采过程中覆岩损伤变形规律进行模拟研究。数值模型尺寸为长×高=200 m×150 m。根据井田采掘工作面实际钻孔(H5 号)资料,将数值计算模型简化为 15 个岩层的结

构体进行研究，案例的力学概念模型如图 4-7 所示，其力学参数如表 4-2 所列。

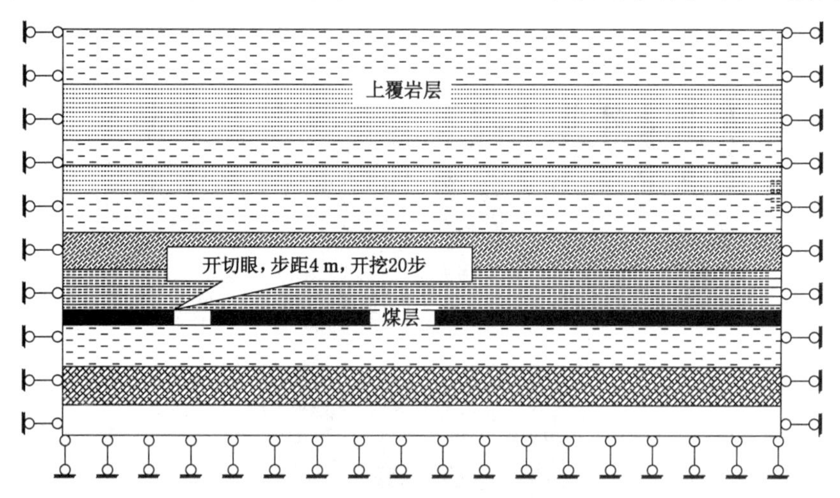

图 4-7　力学概念模型示意图

表 4-2　岩石力学性质参数

岩性	埋深/m	弹性模量/MPa	抗压强度/MPa	摩擦角/(°)	泊松比	容重/(kg/m³)
松散层	30	2 200	3.2	30.0	0.25	2 300
中粒砂岩	46	6 200	66.7	37.2	0.2	2 730
粉砂岩	83	4 570	35.4	38.5	0.21	2 650
中粒砂岩	98	6 580	39.6	38.5	0.21	2 630
粉砂岩	102	4 571	35.6	38.4	0.20	2 630
中粒砂岩	110	6 500	30.3	38.2	0.21	2 620
细粒砂岩	128	4 628	45.6	39.2	0.21	2 630
中粒砂岩	142	6 594	40.2	38.9	0.20	2 650
泥岩	150	6 200	65.3	36.0	0.21	2 730
煤层	157	4 000	27.0	28.0	0.24	1 420
粉砂岩	200	6 700	72.3	38.2	0.20	2 700

地质模型两侧在水平方向变形基本可以忽略，取两侧为限制水平方向位移的滑动支座，即允许边界仅在垂向上有位移产生，水平方向位移为 0；底部为固定边界，即模型在边界上水平和垂向上均为限制位移，数值模型采用修正摩尔-库仑准则作为破坏的判别准则。

(2) 模拟分析

图 4-8 是模拟工作面采掘过程中岩体发生塑性、拉裂损伤分布图。根据模

拟结果可以看出,随着采空区悬露面积的进一步增加,顶板覆岩破坏范围增大。

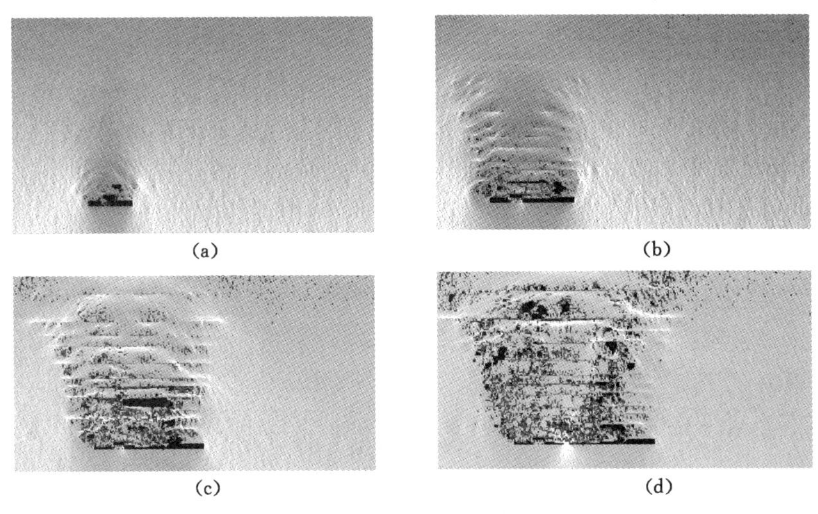

图 4-8 数值模拟过程示意图

(a) 40 m;(b) 60 m;(c) 100 m;(d) 120 m

如图 4-8(a)所示,在采掘范围小于 40 m 以前,覆岩损伤范围较小,冒裂带范围最大为 20 m。当采场宽度为 60 m[图 4-8(b)],冒裂带高度范围增加明显,约为 60 m。当采场宽度为 100 m[图 4-8(c)],冒裂带高度范围突增至 118 m,并在近地面的采掘范围两侧出现较为明显的拉裂损伤区,损伤深度约为 10 m,但与冒裂带范围尚未沟通。当采场宽度为 120 m[图 4-8(d)],冒裂带与近地表的拉伸地裂缝贯通。

综上分析,浅埋松散孔隙型煤层开采范围小于 60 m,随着工作面的推进,冒裂带向上发展的速度较慢,冒裂带下部岩层产生台阶状垮落,垂向裂隙发育明显,冒裂带顶部发育离层空间,且岩层垮落现象一般滞后于离层空间的发展,离层空间上覆岩层垂向裂隙基本不发育,仅发生完全变形,因此该阶段采动覆岩表现出典型的“三带”损伤变形。当采掘范围大于 60～80 m 后,覆岩阶段性的离层空间逐步闭合,顶板向上的冒裂带发育加快,裂隙带的发育高度与采场宽度基本呈线性关系。当工作面推进距离大于 100～120 m 后,相似模拟结果显示采动覆岩失稳,突然产生切落式垮落,地表出现明显的地堑式下陷,两侧的岩层垮落角约为 60°。数值模拟显示出覆岩向上的冒裂带与近地表的向下的拉伸地裂缝贯通,两侧两条破断裂隙直接发育至地表。

通过相似材料模拟与数值模拟分析(图 4-9),浅埋松散孔隙型煤层开采形成具有导水能力的覆岩裂缝均发育至地表,采动覆岩均表现出典型的“两带”型的损伤特征。因此,发育至地表的导水裂缝通过揭露近地表松散含水层,成为大气降水、地表水以及地下水进入工作面的导水通道。

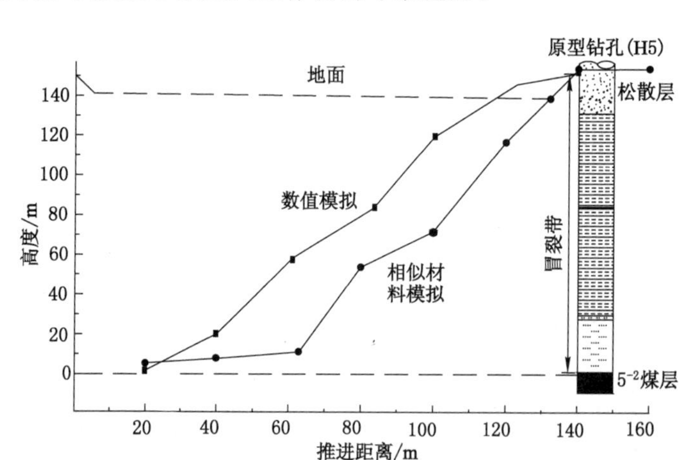

图 4-9　红柳林煤层开采覆岩冒裂带高度

4.2.2　深埋煤层区孔隙-裂隙复合含水层扰动破坏特征

4.2.2.1　相似材料模拟

(1) 模拟背景

沙拉吉达井田位于陕蒙现代煤炭开采区的西部，属呼吉尔特矿区，主采延安组($J_{1\text{-}2}y$)3^{-1}煤层，埋深 500 m 以上。地表被第四系风积沙所覆盖，第四系风积层(Q_4^{eol})与萨拉乌苏组潜水含水层(Q_3s)均厚达 96 m 左右，且与下伏白垩系洛河组和环河组碎屑岩类裂隙-孔隙含水层(K_1)之间无稳定的隔水层存在，形成了厚层状的含水层组。安定组(J_2a)、直罗组(J_2z)砂质泥岩地层构成了上覆含水层组与侏罗系中下统延安组($J_{1\text{-}2}y$)砂岩裂隙含水层间的稳定隔水层。根据地下水环境系统分类划分依据，沙拉吉达井田属典型的深埋孔隙-裂隙复合型地下水环境系统。

(2) 相似材料模拟分析

设置工作面采宽 300 m，煤层综采采厚 7 m，根据煤层顶板基岩工程地质特征和实际钻孔力学指标(HS08 号)，结合相似原理确定出如下相似常数：根据相似理论几何相似常数 $\alpha_L = 1/200$；容重相似常数 $\alpha_\gamma = \gamma_m/\gamma_p = 1/1.5$；时间相似常数 $\alpha_t = t_m/t_p = (\alpha_L)^{1/2} \approx 1/14$；应力及强度相似常数为 $\alpha_\sigma = \sigma_m/\sigma_p = \alpha_L\alpha_\gamma = 1/300$；弹模相似常数 $\alpha_E = E_m/E_p = \alpha_L\alpha_\gamma = 1/300$(其中：参数下标 p 表示原型，下标 m 表示模型)。物理相似材料模拟试验相应层位相似材料的物理力学参数详见表 4-3，重点模拟 3^{-1}煤层采掘过程中导水裂缝带的发育规律。

表 4-3　　岩石物理力学性质综合表

试验项目		泥岩	砂质泥岩	粉砂岩	细粒泥岩	中粒砂岩	粗粒砂岩
容重/(t/m³)		2.45	2.43	2.46	2.33	2.26	2.20
孔隙率		6.24	8.49	9.32	13.19	15.98	16.22
抗压强度/MPa	平均值	43.6	40.9	48.3	47.3	44.1	28.9
	两极值	12.8～63.2	15.4～78.8	19.8～82.5	19.8～84.7	21.9～70.3	18.5～47.0
抗拉强度/MPa		1.78	1.55	1.63	1.69	1.48	1.47
内摩擦角/(°)		20.14	31.44	33.52	34.91	34.86	34.75
黏聚力/MPa		15.5	8.6	7.9	7.5	7.8	5.3
普氏系数		4.44	4.16	4.78	4.55	4.49	2.80
软化系数		0.45	0.51	0.51	0.63	0.68	0.73
泊松比		0.10	0.16	0.17	0.16	0.17	0.17

通过人为间歇式切割煤层范围，以控制采掘进尺，现场持续观测岩层破坏损伤过程。试验显示，3^{-1}煤层采场宽度在 300 m(15 cm)以后覆岩变形高度趋于稳定(图 4-10)，采掘形成的垮落带高度约为 20 m，裂缝带发育高度约为 121 m，在裂缝带顶部，形成较为明显的离层空间，离层空间以上覆岩为弯曲带岩体。因此，通过实验室相似材料模拟，得出沙拉吉达井田 3^{-1}煤层导水裂隙带发育高度约为 141 m，其裂采比为 23.5(冒裂带高度与煤层采厚的比值)。

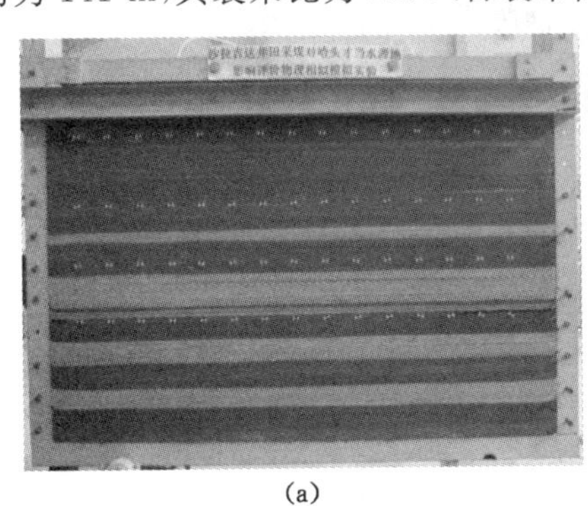

(a)

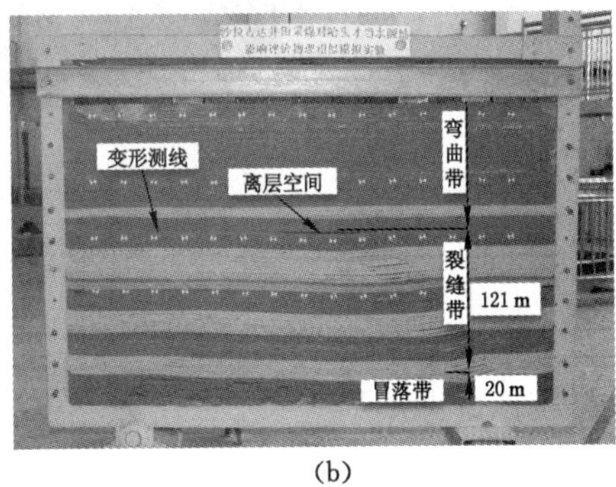

(b)

图 4-10　物理相似材料模拟导水裂缝发育高度

(a) 模拟全景；(b) 导水裂隙带发育情况

4.2.2.2　数值模拟分析

采用 FLAC^{3D}有限差分数值模拟软件，以沙拉吉达井田采煤工作面走向剖面为依据，将采掘煤层至地表覆岩依次概化为 3^{-1}煤层、基岩裂隙含水岩层、相对隔水岩层(基岩类)及松散孔隙类含水岩层，以形成数值模拟分析的力学概念模型，如图 4-11(a)所示。数值模型尺寸为长 $X\times$ 宽 $Y\times$ 高 $Z=600\ \text{m}\times400\ \text{m}\times300\ \text{m}$，如图 4-11(b)所示。

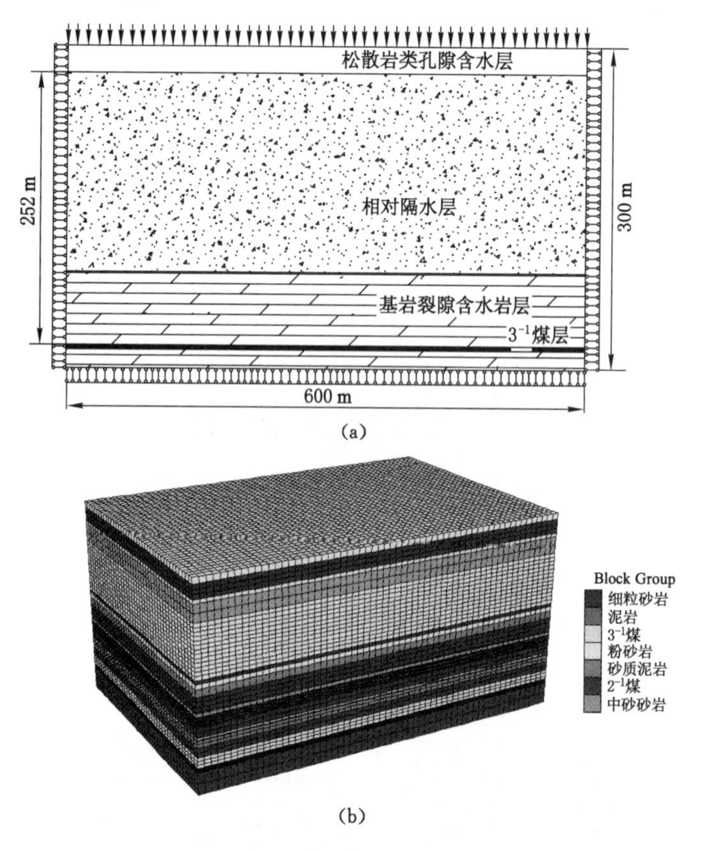

图 4-11　沙拉吉达井田模型

(a) 力学概念模型；(b) 数值计算模型

覆岩层数值模型物理力学参数见表 4-4，首采工作面覆岩 300 m 上部岩层以等效应力的方式设置为顶界面应力边界条件。

表 4-4　　实验模拟物理力学参数

序号	岩石名称	容重 /(kg/m³)	弹性模量 /MPa	剪切模量 /MPa	泊松比	抗拉强度 /MPa	黏聚力 /MPa	内摩擦角 /(°)
1	粗粒砂岩	2 290	8 790	5 538	0.26	14.54	1.52	44.9
2	3^{-1}煤	1 350	2 381	1 536	0.29	0.60	1.30	32.9
3	中粒砂岩	2 330	3 594	2 174	0.21	1.04	0.98	43.3

续表 4-4

序号	岩石名称	容重/(kg/m³)	弹性模量/MPa	剪切模量/MPa	泊松比	抗拉强度/MPa	黏聚力/MPa	内摩擦角/(°)
4	细粒砂岩	2 430	25 700	15 420	0.20	5.04	2.39	42.4
5	砾岩	2 624	25 100	14 307	0.14	3.11	23.5	18.2
6	粉砂岩	2 420	4 140	2 236	0.08	0.83	6.10	29.1
7	砂质泥岩	2 410	3 090	1 715	0.11	0.62	0.78	36.4
8	泥岩	2 300	3 328	1 810	0.13	2.10	0.56	38.4

工作面推进方向沿 X 轴正方向，工作面斜长为 300 m，采高 7 m，工作面倾向两端各留 60 m 煤柱，模拟推进距离 500 m，一次采全高的开采方式。采用摩尔-库仑本构模型，通过分析采掘扰动塑性区范围识别导水裂缝的发育高度。

数值模拟结果显示，工作面回采 60 m 时，直接顶大范围冒落，采场两侧压剪破坏区发育高度较高，导水裂缝带沿采场两侧向基本顶延伸[图 4-12(a)]，塑性破坏区发育高度达到 50 m。由应力云图可知(右侧)，顶板垂直应力释放于工作面中部顶底板区域，应力集中区出现在采场两侧，造成两侧上部岩体出现压剪破坏。工作面回采 120 m 时，开采扰动影响区域增大，顶板零应力区范围扩展，覆岩塑性破坏区发育高度达到 128.5 m，如图 4-12(b)所示。工作面回采 300 m 时，导水裂隙带发育高度达到 146.5 m，如图 4-12(c)所示。工作面回采 400 m、500 m 时和回采 300 m 时应力场分布基本一致，应力值相对微量增加，导水裂隙带发育高度基本稳定，约为 146.5 m，岩石垮落角约为 70°。

4.2.2.3　沉陷区范围预计

作为非连续介质理论的概率积分法是我国开采沉陷预计的主要方法[134]，该方法认为，地表变形预计值与煤层平均开采厚度等有如下关系：

$$W_{\max}=m\cdot\eta \tag{4-6}$$

$$\varepsilon=\pm 1.52b\frac{W_{\max}}{r} \tag{4-7}$$

$$i_{\max}=\frac{W_{\max}}{r},r=\frac{H}{\tan\beta} \tag{4-8}$$

式中　$W_{\max}$——地表最大下沉值；

m——煤层平均开采厚度；

η——充分采动下沉系数；

ε——地表最大水平变形值；

r——沉陷区曲率半径；

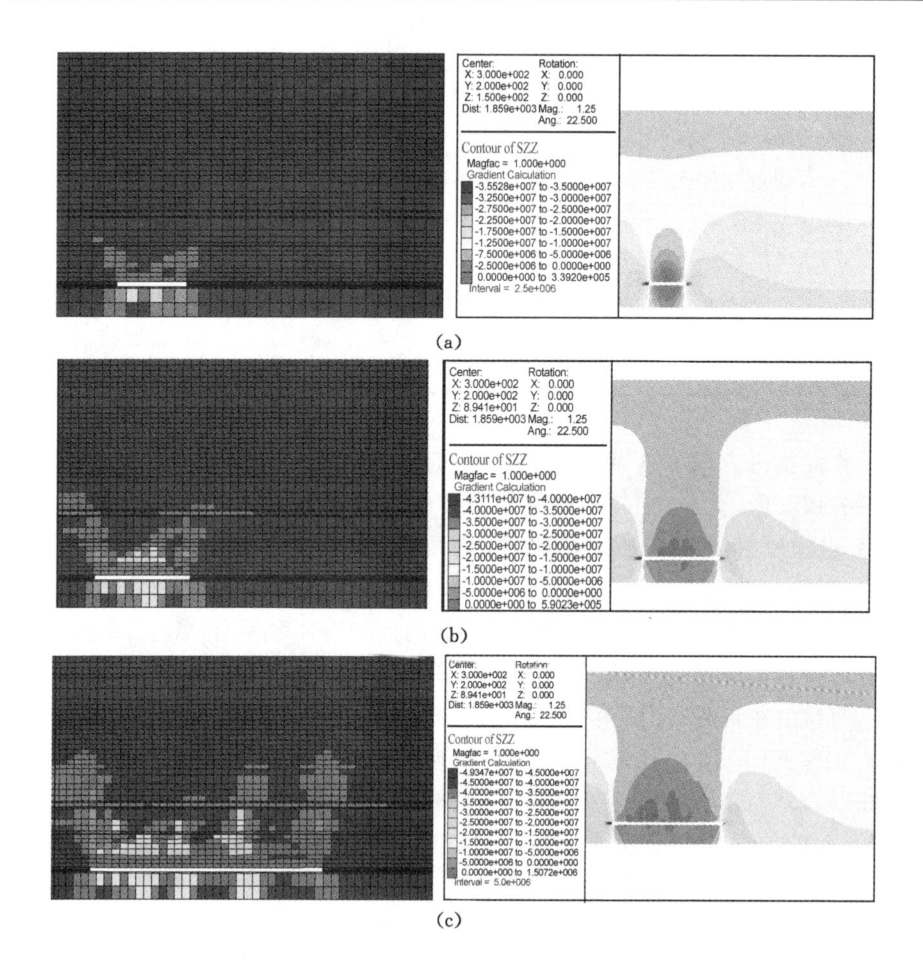

图 4-12　工作面推进时采场塑性区与应力分布图

(a) 推采 60 m;(b) 推采 120 m;(c) 推采 300 m

b——水平移动系数；

i_{max}——地表倾斜值；

H——采深；

β——主要影响角。

当综放开采时，充分采动下沉系数一般为 0.60～0.80。将表 4-5 中对应于呼吉尔特井田岩性相应参数代入计算公式(4-6)～式(4-8)，计算可得全井田开采完毕后，地表最大下沉量 W_{max} 在 3.6～4.8 m 之间，地表最大水平变形值 ε 为 3～8.8 mm/m。

表 4-5 覆岩性质区分的概率积分参数经验值

覆岩岩性	主要岩性	普氏系数	η	b	$\tan\beta$	s_0/H
坚硬	以中生代硬砂岩、石灰岩为主，其他为页岩、砂质页岩	>6	0.40～0.65	0.2～0.3	1.4～1.6	0.15～0.20
中硬	以中生代硬砂岩、石灰岩、砂质页岩为主，其他为软砾岩、致密泥灰岩、铁矿石	3～6	0.65～0.85	0.2～0.3	1.4～2.2	0.10～0.15
软弱	新生代砂质页岩、泥灰岩及黏、砂质黏土等	<3	0.85～1.00	0.2～0.3	1.8～2.6	0.05～0.10

案例矿井（沙拉吉达井田）相似材料模拟成果显示工作面导水裂隙带发育高度为 141 m 左右，裂采比为 23.5，计算机数值模拟的导水裂隙带发育高度为 146.5 m 左右，裂采比为 24，岩石垮落角约为 70°，两种方法分析结果相差不大，通过概率积分法分析得出地面沉陷量最大为 4.8 m。

综上所述，研究区深埋孔隙-裂隙复合型矿井（沙拉吉达井田）地下水环境结构控制层扰动为典型“三带一区”的损伤特征，且在采掘范围 300 m 后，“三带”损伤破坏范围趋于稳定（图 4-13），采动覆岩导水裂缝直接揭露延安组基岩裂隙含水层，构成了该含水岩系的导水通道，最大高度位于直罗组隔水层的下部，不能沟通近地表松散孔隙含水岩系，其余留的基岩层厚度在 150 m 左右，而直罗组以上地层均位于采动覆岩形成的弯曲带内，因此采掘扰动未对松散含水层构成直接影响。

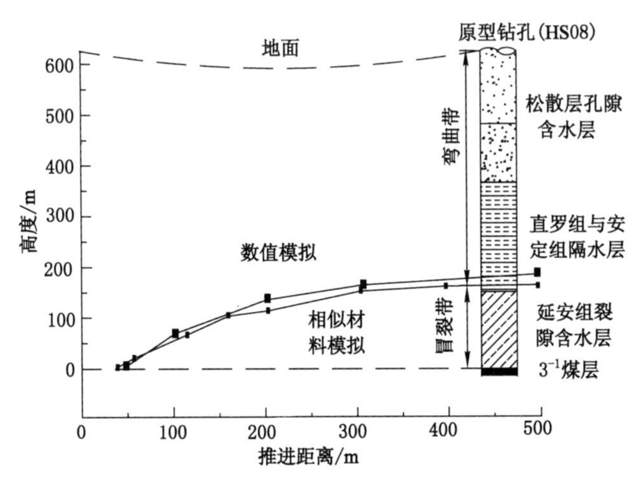

图 4-13 沙拉吉达井田煤层开采覆岩冒裂带高度

4.2.3 典型岩石变形损伤的渗透特征试验研究

研究区开采煤层覆岩的岩性以砂岩、泥岩为主，通过实验室分析典型覆岩压缩或拉伸变形损伤下的渗透性变异规律是地下水环境结构控制层演变研究的重要内容。

4.2.3.1 轴向压缩伺服渗透试验

本研究选取典型的砂岩和泥岩进行轴向压缩变形损伤过程中的伺服渗透试验。如图 4-14 所示，试验采用有水力渗透装置的岩石力学电液伺服测试系统(MTS815-02 型)进行试验。在岩样垂向施加的轴压记为 σ_1，岩样设置围压 σ_2、σ_3，其中 $\sigma_2=\sigma_3$，岩样上、下端分别设置水压 p_{W1} 和 p_{W2}($p_{W1}\geqslant p_{W2}$)，则在岩样两端形成渗透水压差 Δp_w(始终保持 $\Delta p_w<\sigma_3$)，从而使水体通过岩样形成渗流。

(a)

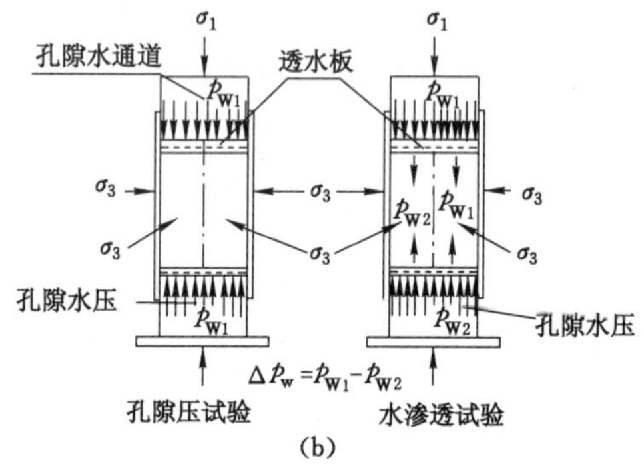

(b)

图 4-14 伺服渗透试验原理示意图

(a) 实物图；(b) 原理图

伺服渗透试验全过程中数据采集和处理均由计算机控制，在施加每一级轴向压力 σ_1 过程中，测定试样的轴向变形 ε 及渗透压差 Δp_w 随时间的变化过程，并根据测试读出的每一级轴向压力下的轴向应变及渗透性数据，可以得到应力-应变和渗透率-应变关系曲线。

根据试验中计算机自动采集的数据，计算岩样渗透率 k 值：

$$k=\frac{1}{A}\sum_{i=1}^{A}m\lg\left[\frac{\Delta p_w(i-1)}{\Delta p_w(i)}\right] \tag{4-9}$$

式中 A——数据采集行数；

m——试验参数，取 526×10^{-6}；

$\Delta p_w(i-1)$，$\Delta p_w(i)$——第 $i-1$ 行和第 i 行渗透压差值。

(1) 砂岩渗透率变化

试验过程中，围压 $\sigma_2=\sigma_3=4$ MPa，初始孔隙水压 $p_{W1}=1.8$ MPa，孔隙水压 $p_{W2}=0.3$ MPa，形成起始渗透压差 $\Delta p_w=1.5$ MPa。砂岩试验结果如图 4-15 所示。

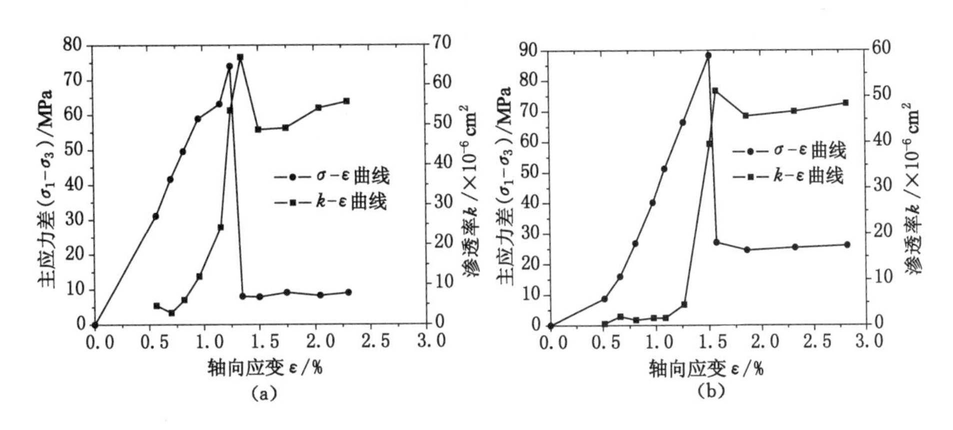

图 4-15　砂岩岩样渗透率-应变与应力-应变曲线(应变为轴向)

(a) 细砂岩;(b) 中砂岩

(2) 泥岩渗透率变化

泥岩试验结果如图 4-16 所示。应变幅度根据试验过程确定,以岩样形成明显渗透峰值为基本要求,并尽量控制岩样在应力-应变过程的渗透性特征(通过控制试验的应变水平与应力水平实现)。试验过程中,岩样渗透性测点一般取 8～10 个,并在岩样渗透峰值后测取 3 个以上的渗透率值。

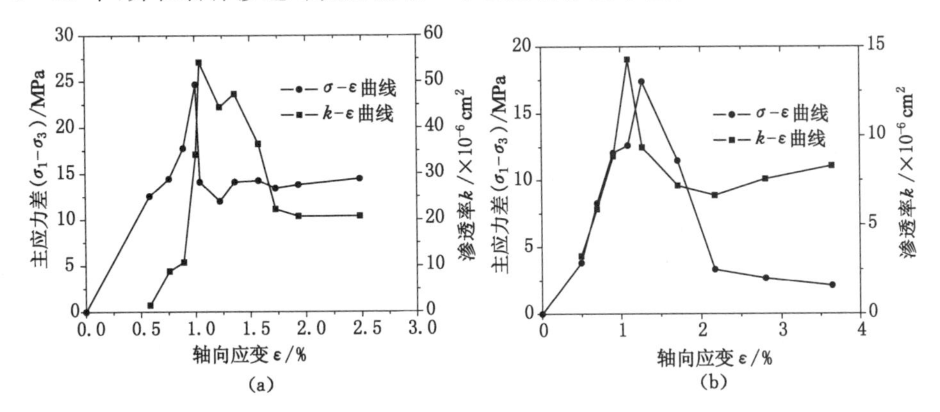

图 4-16　泥岩渗透率-应变与应力-应变曲线

(a) 泥岩 1;(b) 泥岩 2

(3) 测试成果分析

应变-渗透率关系曲线能够直观地反映出岩石在变形损伤过程中渗透能力的变化规律。如图 4-17 所示,综合砂岩和泥岩岩样的测试成果,绘制岩石应力-应变-渗透率曲线。结果显示,岩石在轴向压缩损伤变形过程中,渗透率主要由原始空隙渗透率和加载破坏渗透率两部分组成,且渗透能力变化随变形具有较为明显的分段性，具有 4 个显著的渗透率变化点。

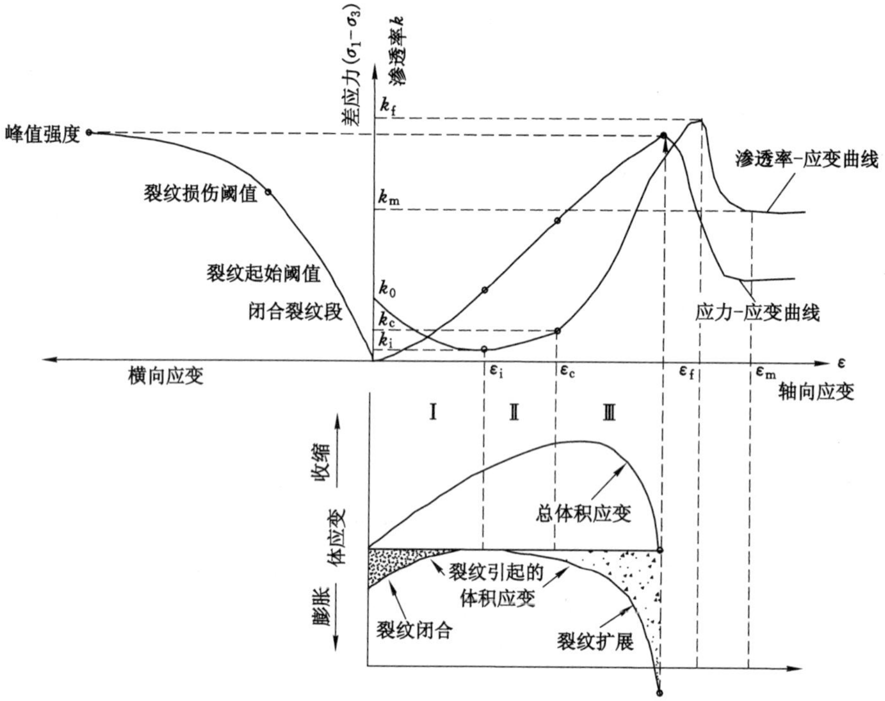

图 4-17　岩石渗透率-应变渗透性演化

① 压密变形渗透率极小点(k_i)

岩石在压缩受力初期，变形以空隙压密为主，原始空隙随着岩石的压密而降低，从而导致渗透性低于(略微低于)受力前，并出现渗透率最低点(k_i)，对应的应力为 σ_i，应变为 ε_i。在渗透率最低点出现之前，岩石中的渗流类型主要以孔隙或微裂隙渗流为主。在整个试验过程中，由于砂岩样强度较大，空隙性较好，受试验加压速率影响相对较小，因此在砂岩渗流过程中渗透率最低点(k_i)相对较为明显。据测试结果显示渗透率最低点(k_i)值约为渗透率初值(k_0)的 20%～30%。

② 剪切损伤渗透率突增点(k_c)

岩石压密变形达到渗透率最低点后，在渗透率-应变关系曲线上出现随应变变大渗透率变大的临界点(k_c)，该点可称为岩石渗透率突增点(k_c)，对应的应力为 σ_c，应变为 ε_c。从岩石变形特征的角度看，该点对应岩石由空隙压密变形过渡为剪裂损伤的转换点。据测试结果显示渗透率突增点 k_c 值约为渗透率初值(k_0)的 50%。

③ 剪切损伤渗透率峰值点(k_f)

在岩石剪切损伤阶段,随着应力应变继续增大,岩石渗透率达到峰值(k_f),对应的应力为σ_f,应变为ε_f。该点是渗透能力的变化分界点,在峰值前,渗透性随变形的增大而增强,且变幅较大达到峰值后,多表现有随变形呈下降的趋势,而且多出现于岩石应变软化变形阶段,据测试结果显示渗透率峰值点(k_f)值约为渗透率初值(k_0)的 5 倍以上。

④ 塑性流变渗透率稳定段(k_m)

岩石剪切破坏后,应力稳定时,应变继续增大,岩石到达塑性流变损伤阶段,该阶段渗透性随着应变的增大变化幅度较小,渗透率基本趋于稳定,反映了破碎岩石在残余强度下的渗透性。据测试结果显示稳定渗透段(k_m)值约为渗透率初值(k_0)的 3 倍左右。

根据岩石应力-应变-渗透率曲线,可以将岩石在破坏前的应力-渗透关系分为三个阶段:

阶段Ⅰ:$(\sigma_1-\sigma_3)<\sigma_0$,岩石主要产生压密变形,随空隙性降低,渗透率下降。

阶段Ⅱ:$\sigma_0<(\sigma_1-\sigma_3)<\sigma_m$,剪切变形导致岩石内部产生剪张裂隙,渗透率增大,但由于裂隙张开度、连通性一般,因此渗透率增加幅度相对较小。

阶段Ⅲ:$(\sigma_1-\sigma_3)>\sigma_m$,由于剪切裂隙相互贯通,形成较强导水能力裂隙性渗流通道,渗透率增大幅度较大。

4.2.3.2 轴向拉伸损伤变形特征分析

采掘扰动下围岩应力状态较为复杂,从应力状态分区可知,不同区段岩体发生损伤的形式不一。图 4-17 是实验室测试取得的轴向压力下的轴向应力-应变和渗透率-应变关系的本构曲线。本研究鉴于条件所限,对轴向拉应力渗透率变化未进行实验室测试,主要引用前人研究成果进行研究分析。金丰年、钱七虎在 10 种岩石单轴拉伸试验的基础上[135](图 4-18),提出了能够表现岩石拉伸变形破坏全过程的非线性黏弹性应力-应变曲线。实验案例显示当拉应力小于 1.2 MPa(f_i)时,应力-应变曲线基本为一直线,但随着拉应力的增加,应力-应变曲线表现出非线性规律。达到破坏强度后(f_t约为 3 MPa),应力骤降,约降至强度的 1/4 时,又转为缓慢地减小,其他岩石的试验结果也基本类同。

杨天鸿教授同样根据试验结果给出单元压剪损伤的本构关系[136],如图4-19所示,对于单元拉伸损伤本构关系,扩展到拉伸应力-应变轴(σ_3),得出单元拉伸破坏后渗透系数有一定的增高,且与轴向压缩损伤变形渗透能力变化规律较为一致。

通过以上试验测试与分析结果,岩石空隙率与附加应力状态下的应变程度是影响其渗透率的关键因素,其一般规律为随着体应变的增加岩石渗透率增加。在轴向压缩条件下,岩石的渗透率与岩石的体应变密切相关,岩石不同的变形损伤阶段,其渗透能力变化明显,与拉伸和压剪条件下变化规律较为一致。因此,

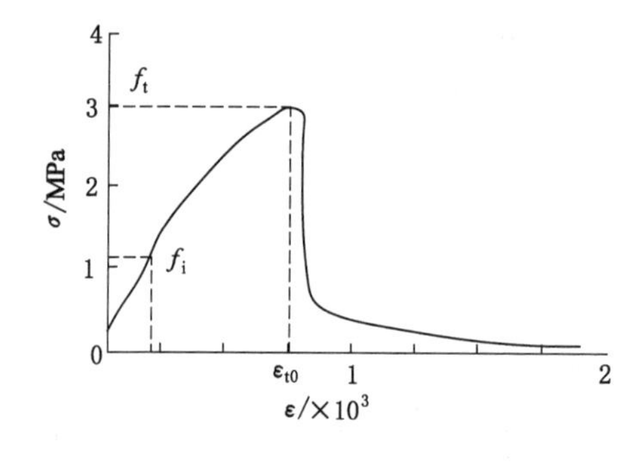

图 4-18　砂岩单轴拉伸试验应力-应变曲线

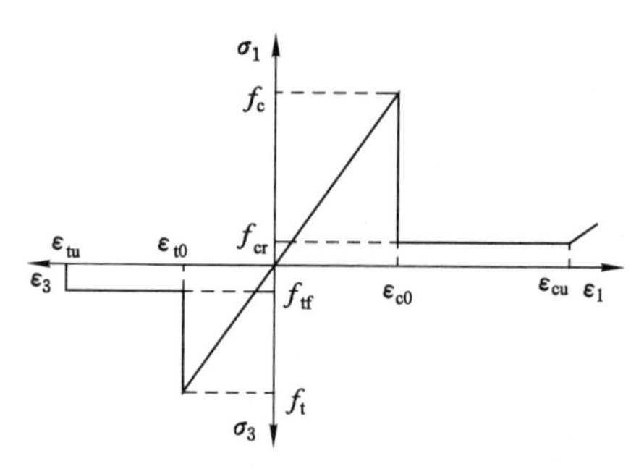

图 4-19　压剪应力应变损伤本构曲线

采动覆岩不同区段附加应力状态不同，覆岩变形损伤类型区强度不同，则在采动覆岩体的不同位置渗透能力变化的差异性明显。

4.3　地下水环境系统水力驱动层响应机制研究

采掘引起地下水环境结构要素的改变，由此产生地下水环境水力驱动层在水量、水位、水质等方面的响应。研究区具有资源和生态功能的地下水主要是指赋存于松散介质结构中地下水水体，本节主要针对松散含水层水力驱动层扰动规律进行分析研究。

4.3.1　采动覆岩变形损伤对地下水影响机制

采掘扰动使地下水环境结构控制层发生“三带一区”损伤变形，由此产生的地下水向采掘空间的渗漏是水力驱动层响应主要表现形式。本小节运用经典地下水动力学理论方法，从地下水渗漏损失角度，研究分析典型地下水环境系统类型背景条件下，结构控制层的损伤变形对地下水损失的影响机制。

陕北与神东煤炭基地位于我国西北干旱地区，松散层地下潜水是区域唯一具有供水意义和重要生态价值的水资源。而采矿扰动使赋存地下水的岩层发生“三带一区”损伤变形，由此产生松散层地下水向采掘空间的渗漏流失。因此，须以采矿覆岩破坏为研究基础，分析采矿引起松散含水层地下水的渗漏损失问题。

煤层开采导致的地下水损失（渗漏）量主要是由松散层地下水从垂向上向采掘空间的渗漏量 Q_1、冒裂带周边揭露含水层侧向排泄量 Q_2 和地面沉陷积水引起无效蒸发量 Q_3 三部分组成。

（1）地下水渗漏量（Q_1）

为了便于分析扰动因素对地下水渗漏的影响，认为采掘扰动形成的导水裂缝为一倒梯形，如图 4-20 所示，定义覆岩体顶部截面积为 A；冒裂带（导水裂缝带）发育高度为 L_1；松散孔隙含水层与煤层之间基岩厚度为 M；其渗透系数为

K；松散含水层与保护层界面地下水的水压力为 p；u 为保护层中地下水的实际流速；γ 为地下水容重。定义煤层顶板为“0”基准面，根据经典地下水动力学分析方法[137]，则：

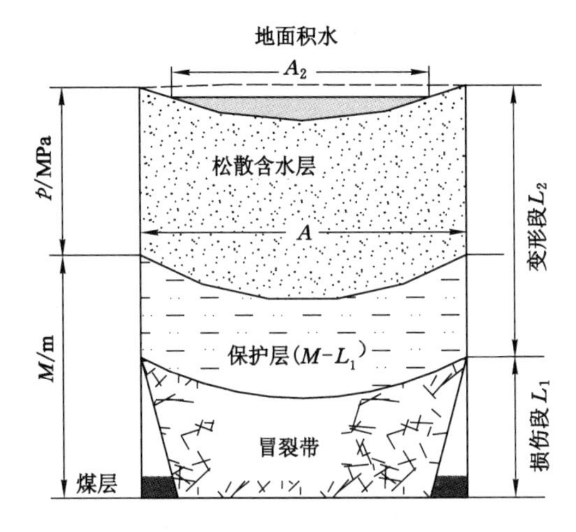

图 4-20　地下水环境扰动示意图

导水裂缝带顶部(即 L_1 高度处)的水头值：

$$H_1 = L_1 + p/\gamma + u^2/2g$$

由于冒裂带直接与大气连通，孔隙压力为大气压，则 $p=0$，则：

$$H_1 = L_1 + u^2/2g$$

保护层顶部(L_2 高度处)的水头值：

$$H_2 = L_2 + p/\gamma + u^2/2g$$

根据达西定律，松散含水层向采掘空间渗漏量 Q_1 可表示为：

$$Q_1 = K \cdot A \frac{(H_2 - H_1)}{M - L_1} = K \cdot A \frac{(L_2 + p/\gamma - L_1)}{M - L_1} \tag{4-10}$$

由于 $L_2 - L_1 = M - L_1$，则：

$$Q_1 = K \cdot A \frac{(M - L_1 + p/\gamma)}{M - L_1} = K \cdot A\left(1 + \frac{p}{(M - L_1) \cdot \gamma}\right) \tag{4-11}$$

根据式(4-11)可以看出，渗漏量 Q_1 与采动导水裂缝带高度 L_1、弯曲带渗透系数 K、导水裂缝带揭露范围 A 以及含水层水压 p 呈正相关关系，与余留的保护层厚度($M-L_1$)呈负相关。从采掘扰动角度分析，即扰动揭露的面积越大、冒裂带高度越高、弯曲带保护层的渗透能力越强则地下水渗漏量越大，且地下水压力越大，同样渗漏量越大。

当保护层厚度 M 为零时，导水裂缝带直接沟通松散含水层，地下水漏失机制简单，其渗漏形式不遵循达西定律，即地下水沿导水裂缝直接涌入采场，导致采场顶部含水层直接疏干。

(2) 侧向排泄量(Q_2)

浅埋煤层开采冒裂带一般直接发育至松散含水层内或地表，即保护层厚度为零，采掘空间顶部含水层地下水直接疏干。地下水资源流失以侧向排泄为主，根据基于稳定流分析的“大井法”，含水层地下水向采掘空间的侧向排泄量 Q_2：

$$Q_2 = 1.366K \frac{(2H - S)S}{\lg R_0 - \lg r_0} \tag{4-12}$$

式中 K——渗透系数，m/d；

H——水头高度，m；

S——由于矿井排水而产生的水位降深值，m；

R_0——引用影响半径，m；

r_0——假想“大井”的半径(即为导水裂缝揭露区域的引用半径)，m。

假设采动裂缝揭露的松散含水层均质无限分布，其天然水位近似水平，因此引用影响半径 R_0 可采用如下式计算 $R_0 = r_0 + R, R = 10S\sqrt{K}, r_0 = \sqrt{F/\pi}$，其中 F 为导水裂缝影响的含水层面积，单位为 m^2。从式(4-12)可以得出导水裂缝影响的含水层面积 F 越大，地下水侧向排泄量 Q_2 越大。

(3) 地下水无效蒸发量(Q_3)

地下水无效蒸发量(Q_3)分析是以导水裂缝未损伤含水层隔水边界为前提的，即目标含水层地下水未沿导水裂缝直接渗透至井下。定义松散层潜水的蒸发强度为 E_1，水面蒸发为 E_2，假设地面已形成地面沉陷积水，积水面积为 A_2(m^2)，则地下水无效蒸发量：

$$Q_3 = (E_2 - E_1) \cdot A_2 \tag{4-13}$$

根据式(4-13)可以看出，无效蒸发量与地区水面蒸发能力 E_2 和积水面积 A_2 正相关，西部干旱区空气湿度小，水面蒸发能力极强，水面蒸发能力越强，地下水的流失量越大。从采掘扰动角度分析，积水面积与采掘煤层具体地质条件、含水层水文地质条件相关，采煤厚度越大、面积越大、水位埋深越小则更易形成地面积水。

综合以上三种形式松散层地下水损失情况，导水裂缝带影响的高度、平面范围、弯曲带保护层厚度及渗透能力、地面沉陷范围等是控制地下水资源漏失的主要因素，即采掘扰动形成的“三带一区”的空间尺度是地下水扰动程度的控制因素。

4.3.2 采煤对“三水”转化规律的影响

水资源转化是水循环理论和水资源评价的重要研究内容。在煤矿开采前，研究区地表水系具有强烈的季节性，具有资源意义和生态功能的地下水赋存于松散介质型的含水介质结构中。大气降水是地表水和地下水的主要补给来源，“三水”的转化关系为雨季大气降水补给河水和地下水、河水同时通过下渗补给地下水，旱季地下水以下降泉的形式补给河水，“三水”转化补给关系较稳定，如图 4-21 所示。

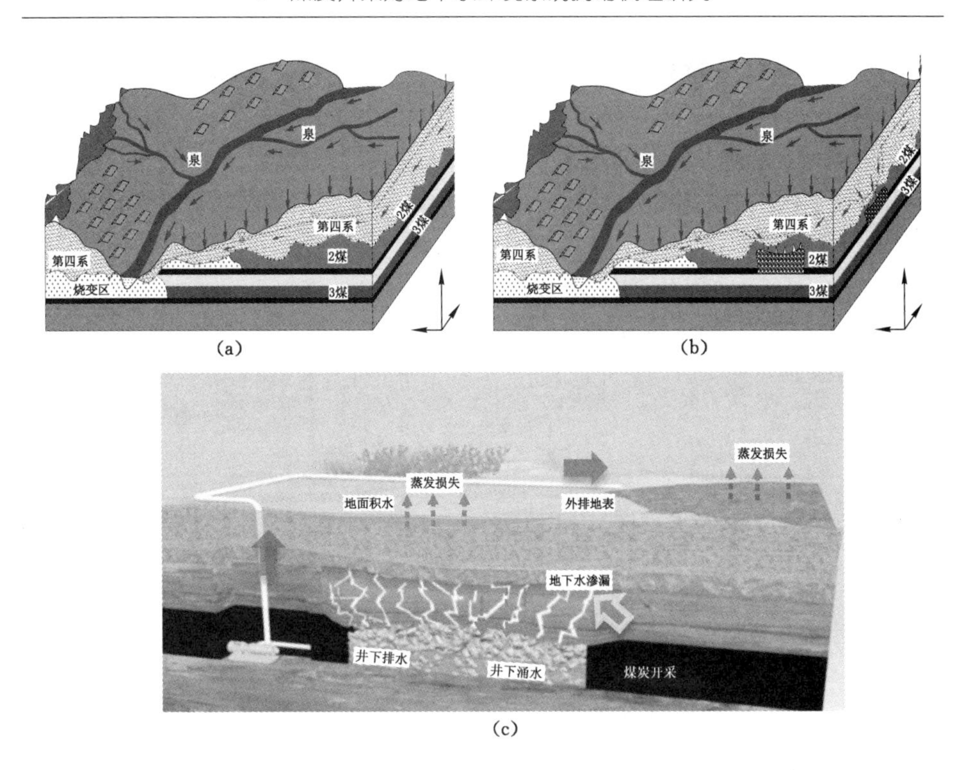

图 4-21　“三水”循环转化模式图(神东地区)

(a) 自然条件下;(b) 开采条件下;(c) 矿坑排水条件下

采矿活动改变了地下水系统循环模式。由于采掘扰动地下水形成新的赋存形式——矿坑水,“三水”的转化关系和转化量发生改变,主要表现在以下几个方面:

(1) 改变了“三水”循环周期,地下水渗漏形成了矿井排水和采空区积水两种排泄方式。矿井排水由井下排水系统排到地面污水处理厂,经净化处理后除部分复用外,其他全部排入河流参与整个水循环,使“三水”转化复杂化。采空区积水长期积存于老空区,对于“三水”转化来说只是增加了水循环的周期。

(2) 改变了地下水环境水力驱动层的渗流场,矿坑水的形成而导致的水位下降或含水层疏干是地下水渗流场演变最直观的形式。矿区形成了以采空区为中心的地下水降落漏斗,地下水径流方向变化,采矿前地下水埋藏较浅且以水平向运动为主,运动速度较慢,从补给到排泄时间较长。采矿后垂向上由于采空区形成的临空面与大气相通,使得上覆岩层与采空区之间水力梯度增加,在覆岩导水裂缝内地下水水流状态从达西流转化为裂隙流的流动形式,导水裂缝以上渗流速度加快且运动方向由天然状态下的水平向运动为主逐步改变为垂向运动为主。

4.3.3 采煤对水资源量的影响规律

采掘煤层与近地表松散含水层空间位置关系决定着地下水环境结构控制层的扰动形式，因而研究区浅埋孔隙型与深埋孔隙-裂隙复合型井田采煤对地下水环境水力驱动层扰动的形式和强度不尽相同。如图 4-22 所示，采矿后地下水水力驱动层响应如下：

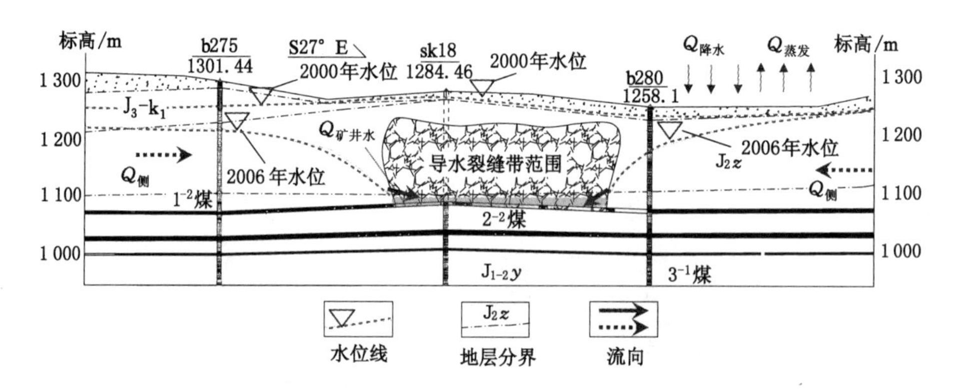

图 4-22 神东矿区补连塔煤矿地下水转化示意图

(1) 侧向补给量增大，侧向排泄量减少。矿坑排水普遍降低了矿区地下水位，形成了以采空区为中心的降落漏斗，水力梯度增加，加大了上游的侧向补给量；下游地下水径流方向在降落漏斗周边发生逆转，减少向下游流域外侧向排泄量。

(2) 地下水向泉、地表水排泄量减少。泉在地表出露后形成地表水体，地下水位下降后，导致大量泉眼消失，向地表水系排泄地下水量减少。

(3) 大气降水入渗量增大。煤矿开采后产生地面沉陷改变了大气降水的汇水条件，减少了大气降水的地表径流量，地表裂隙及塌陷加快了地表水向地下水的转化能力，故地表水和降水入渗量均加大，特别是丰水期的入渗量增大。

(4) 蒸发量变化规律。天然状态下地下水位埋藏太浅，根据相关研究资料表明[138]：在研究区一般最大有限蒸发深度为 0.5～0.8 m，即说明当采煤导致地下水位埋深大于 0.5 m 时，地下水潜水蒸发量就会大大减少。

但在深埋孔隙-裂隙复合型井田地下水转化关系较为复杂，导水裂缝直接沟通基岩裂隙含水层，采场顶部基岩裂隙水被疏干或水位降低，使松散含水层与基岩含水层之间的水力梯度加剧，在一定程度上加大了松散含水层垂向越流补给基岩含水层的水量，可导致松散层潜水水位略微降低。

$$Q_{补给}\uparrow = Q_{降雨入渗}\uparrow + Q_{侧向补给}\uparrow \tag{4-14}$$

$$Q_{排泄}\uparrow = Q_{泉}\downarrow + Q_{地表水}\downarrow + Q_{蒸发量}\downarrow + Q_{侧排}\downarrow + Q_{矿井涌水}\uparrow \tag{4-15}$$

同时，采掘扰动形成地面沉陷，当地面沉陷的深度大于采掘后松散层潜水的水位埋深时，沉陷区已出现临时性或永久性积水，反之无积水。当存在积水时，地下水由潜水蒸发转化为水面蒸发，蒸发排泄增大，造成水资源流失，可能导致区域蒸发量增大。

如式(4-14)、式(4-15)和表4-6所列，从水均衡角度分析，由于地下水补给量的增加(降水入渗、侧向补给)，两种井田类型的地下水资源量均增加。浅埋孔隙型井田除矿坑水外，各地下水排泄量均减少，这样采煤导致区域的水资源由于袭夺了侧向补给增量、降雨补给增量、地下水排泄减量，其地下水资源量有了一定的增加。

表4-6　　浅埋煤层开采地下水均衡分析表

补给源			排泄项		
降雨入渗	增加↑	↑ 合计增加	泉排泄	减少↓	↑ 合计增加
			向地表水排泄	减少↓	
侧向补给	增加↑		蒸发	减少↓	
			矿坑水	增加↑	

深埋煤层孔隙-裂隙复合型井田在沉陷积水的影响下，水面蒸发加剧，这样采煤导致区域的水资源在袭夺了侧向补给增量、降雨补给增量、地下水排泄减量的同时，又造成蒸发增量加大，其地下水资源总量虽有所增加，但水量转化较为复杂。

4.4 煤炭开采对地下水环境系统扰动数值模拟研究

浅埋孔隙型井田地下水环境结构控制层扰动为“两带”型的损伤特征，松散层地下水沿“两带”裂缝直接涌入井下的系统扰动形式较为简单。深埋孔隙-裂隙复合型井田结构控制层扰动为典型“三带一区”型的变形损伤特征，地下水环境系统响应机制较为复杂。

4.4.1 物理问题描述

根据前节分析，沙拉吉达井田位于陕蒙现代煤炭开采区的西部，属典型的深埋孔隙-裂隙复合型井田，根据井田具体的地质与水文地质条件(图4-23)，概化形成便于分析的概念模型。本节以沙拉吉达井田为研究对象，利用基于有限元的多物理场耦合软件COMSOL4.2，以采动附加应力变化—覆岩变形损伤—介质渗透能力变化—水力驱动层响应为分析研究的技术思路，综合研究延安组3^{-1}煤层在采掘扰动影响下覆岩应力状态、位移变形、渗透率等地下水环境结构控制层要素的变化规律，以及地下水环境水力要素响应机制。

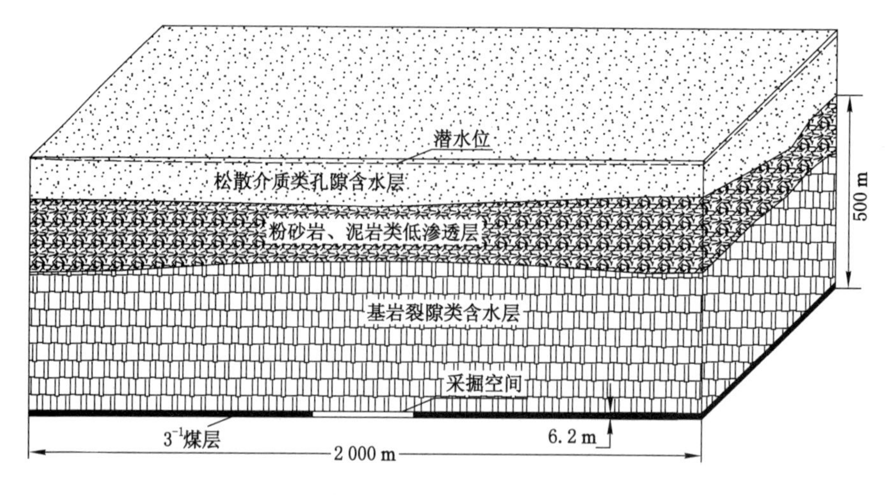

图 4-23　概念模型示意图

4.4.2　数学模型

4.4.2.1　基本控制方程

(1) 基本假设

本次研究将岩土体视为孔隙介质[139]，以岩体弹塑性力学和地下水流体力学理论为基础建立研究问题的数学模型，包括以固体弹塑性力学为基础的位移场方程，以描述“结构要素”损伤变形过程；以达西定律为基础的地下水水流方程，描述“水力要素”动态响应机制。首先引入以下假设：

① 地下水渗流在微元段遵循达西定律，在整个区段上符合非线性的达西定律。

② 岩体被认为是多孔介质，主要组成为固体和流体两部分，地下渗流考虑为单相饱和流动。

③ 岩土孔隙压力和地应力遵循修正的太沙基有效应力原理[140-142]，饱和区有效应力定义为：

$$\sigma = \sigma' + p \tag{4-16}$$

式中　σ——总应力；

σ'——有效应力(即作用在固体骨架上的力)；

p——水压(或孔隙压力，非饱和时为空气和包气带水压，饱和时为地下水压)。

④ 饱和多孔介质固体骨架体积变形等于孔隙的变形。

(2) 平衡方程

根据多孔介质渗流力学原理[143]，多孔介质单相稳定流体质量守恒方程，对于各向同性弹性多孔介质，岩体只发生弹塑性变形，为了便于模型位移方程与渗流方程进行耦合，将地下水水位、水头(m)均换算为压力(MPa)，其数学模型可简化为如下形式：

地下水渗流场方程：

$$\nabla\left[\frac{\rho K}{\mu}\nabla p\right]=0 \tag{4-17}$$

固体位移场方程：

$$G\nabla^2 u+\frac{G}{1-2\nu}\nabla\cdot(\nabla u)-\alpha\nabla p=0 \tag{4-18}$$

式中　K——多孔介质绝对渗透率，μm^2；

μ——流体黏度，Pa·s；

ρ——流体密度，g/cm^3；

p——地下水压力，Pa；

G——切变模量，Pa；

ν——介质的排水泊松比。

其中，$G=2E(1+\nu)$，E 为介质弹性模量，u 分别为 x 轴、y 轴及 z 轴方向的位移。∇p 反映了渗流场对固体骨架的影响，其本质是流体流动时产生的孔隙压力影响了固体骨架的应力场，进而影响固体骨架的变形。α 为 Biot 系数，其值取决于材料的压缩性能，其表达式为：

$$\alpha=1-\frac{K}{K_s}=\frac{3(\nu_u-\nu)}{B(1-2\nu)(1+\nu_u)} \tag{4-19}$$

其中，$K_s=2G(1+\nu)/3(1-2\nu)$，介质的排水体积模量；K 为固体组分的有效体积模量；B 为 Skempton 系数；ν_u为固体组分的排水泊松比。

4.4.2.2　损伤变形对渗透能力的影响

岩体的孔隙率又与其所处的应力状态有关，李地元等[144]描述了 HM 耦合的控制方程，并将其应用于连拱隧道稳定性研究中，但所采用的模型未考虑孔隙率的变化，本次参考文献[145]和[146]，建立其应力、孔隙率与渗透率之间的数学关系：

$$\phi=(\phi_0-\phi_r)\exp(\alpha_\phi\cdot\sigma_v)+\phi_r \tag{4-20}$$

式中　ϕ_r——高压应力状态下孔隙率的极限值，$\phi_r=0$；

ϕ_0——零应力状态时的孔隙率；

α_ϕ——应力影响系数，其值见参考文献[33]，可取 $5.0\times10^{-8}\ Pa^{-1}$；

σ_v——平均有效应力，可按如下公式计算：

$$\sigma_v=(\sigma_1+\sigma_2+\sigma_3)/3+\alpha p \tag{4-21}$$

其中 α 仍为 Biot 系数，按照上面的公式计算；σ_1、σ_2、σ_3是三个应力。岩体损伤变形导致渗透率的变化规律如下：

岩体的渗透率与孔隙率之间满足如下关系[147]：

$$k = k_0 \left(\frac{\phi}{\phi_0}\right)^3 \tag{4-22}$$

式中　k_0——零应力状态时的渗透率，m^2。

通过上述表达式建立了地下水环境系统结构要素中渗透率指标与孔隙率指标的关系。当岩石损伤后，其孔隙率和渗透性的演化规律比较复杂，假定岩体发生塑性破坏后，渗透系数发生突跳[148]，根据前人成果，初步按照如下关系式来反映损伤对于孔隙率的影响。岩体的塑性破坏对渗透系数的影响为：

$$k = \xi k_0 \left(\frac{\phi}{\phi_0}\right)^3, (\varepsilon_p > 0) \tag{4-23}$$

式中　ε_p——等效塑性应变；

ξ——渗透率的突跳系数，参考上节伺服渗透试验测试成果，取 $\xi=5$。

通过上面公式，建立了采掘扰动影响下地下水环境的应力的状态与孔隙率指标关系。

渗透系数 K 与渗透率 k 的含义和单位是有差别的，渗透系数 K 也称为水力传导系数，量纲和速度相同。渗透系数一方面取决于多孔介质骨架的性质，另一方面与渗流液体的物理性质有关。而渗透率只与介质骨架的性质有关，量纲为 $[L^2]$，是表征多孔介质固有渗流能力的参数。渗透系数和渗透率的关系为：

$$K = k\frac{\rho g}{\mu} = k\frac{\gamma}{\mu} \tag{4-24}$$

式中　ρ——流体密度；

γ——流体的重度。

水的重度可以近似为 $\gamma=10^3\ \mathrm{kg/m^3} \approx 10^4\ \mathrm{N/m^3} = 10^2\ \mathrm{Pa/cm^2}$，水的动力黏度系数 $\mu=10^{-3}\ \mathrm{Pa \cdot s}$，则：

$$K = k\frac{\gamma}{\mu} = \frac{10^2\ \mathrm{Pa/cm}}{10^{-3}\mathrm{Pa \cdot s}}k = \frac{10^5}{\mathrm{cm \cdot s}}k \tag{4-25}$$

若渗透系数 1 cm/s 相当于渗透率 $10^{-5}\ \mathrm{cm^2}$，在采动岩体渗流过程中，渗透率也可以以 D(达西)为单位，$1\ \mathrm{D} \approx 10^{-8}\ \mathrm{cm^2} = 1\ \mu\mathrm{m^2}$，1 D 相当于渗透系数 10^{-3} cm/s。

4.4.2.3　结构要素的损伤判据方程

本次岩体塑性损伤判据采用了修正的 C-M(摩尔-库仑)准则[149]和传统的拉伸破坏判据：

$$F'_1 = \alpha_1 I'_1 + \sqrt{J'_2} - K_1 = 0 \tag{4-26}$$

$$F'_2 = \sigma'_3 - f_t \tag{4-27}$$

其中：

$$I'_1 = \sigma'_1 + \sigma'_2 + \sigma'_3 = \sigma'_x + \sigma'_y + \sigma'_z$$

$$J'_2 = \frac{1}{6}[(\sigma'_1 - \sigma'_2)^2 + (\sigma'_2 - \sigma'_3)^2 + (\sigma'_3 - \sigma'_1)^2]$$

$$\alpha_1 = \tan \varphi / \sqrt{9 + 12 \tan^2 \varphi}$$

$$K_1 = 3C / \sqrt{9 + 12 \tan^2 \varphi}$$

式中 I'_1——有效应力第一不变量；

J'_2——有效应力偏量第二不变量；

α_1,K_1——与岩石的内摩擦角 φ、黏聚力 C 有关的实验常数；

f_t——岩体的抗拉强度。

修正的 C-M 准则相对于原准则在三维空间计入了中间主应力(σ_2)及孔隙压力(p)的作用,可以说克服了 C-M 准则的主要弱点,已在国内外岩土力学和工程的数值计算分析中获得广泛的应用。在任何受力条件下,拉伸损伤判据是优先判断的[150]。

由于实际的采掘扰动影响下,覆岩不同应力状态分区中损伤变相的形式不同,本模拟计算中岩体损伤判据如下：

(1) 当单元 $F'_1<0$,$F'_2<0$ 时,岩体处于弹性变形阶段,模型采用公式(4-22)进行单元的渗透率计算；

(2) 当单元 $F_1'\geqslant 0$,$F'_2<0$ 时,岩体发生剪切破坏,模型采用公式(4-23)进行单元的渗透率计算；

(3) 当单元 $F_1'<0$,$F'_2\geqslant 0$ 时,岩体发生拉伸破坏,模型采用公式(4-23)进行单元的渗透率计算。

通过定义逻辑判据的损伤判据 $F'_{1,2}$ 函数,绘制出等值线,识别 $F'_{1,2}\geqslant 0$ 的区域,即为发生损伤(剪切、拉伸)和渗透率突跳的区段。

4.4.3 数值模型构建

4.4.3.1 模拟范围与剖分

根据研究问题的需要,模型模拟的范围为 3^{-1} 煤层至地表,3^{-1} 煤层底板为模型的下边界,地表为模型的上边界,综合井田的地质与水文地质特点(图 4-24),将概念模型剖分为 3^{-1} 煤层、基岩裂隙含水层组、低渗透岩层组及近地表的松散层四个模拟分层。

4.4.3.2 定解条件

(1) 初始条件

① 应力场

在采掘活动没有发生前,煤层应力状态相对平衡。这种平衡状态下的应力组成成分很复杂,普遍认为包括重力和构造应力。

垂直应力计算公式如下：

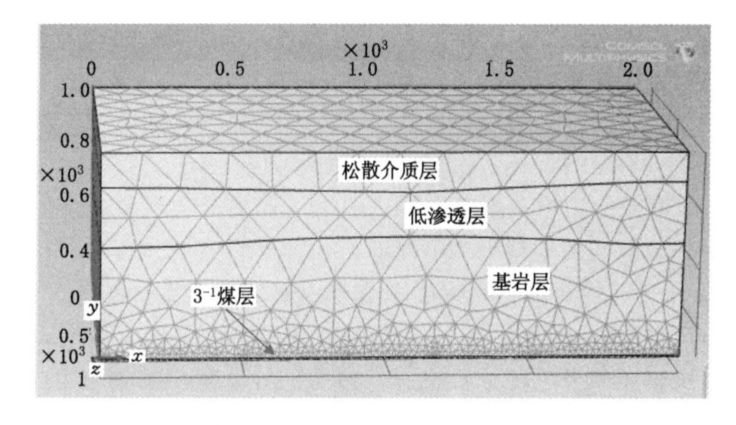

图 4-24　概念模型剖分示意图

$$\sigma_{v} = \gamma H \tag{4-28}$$

式中　σ_{v}——垂直应力，N/m^2；

γ——岩层平均重度，N/m^3；

H——埋深，m。

水平应力计算公式如下：

$$\sigma_{H} = \frac{\nu}{1-\nu}\gamma H \tag{4-29}$$

式中　σ_{H}——水平应力，N/m^2；

ν——岩石泊松比。

为了便于问题分析，本次没有考虑构造应力场的因素，地应力是一种体力，模型中根据每个单元的埋深分别应用公式(4-28)和公式(4-29)来计算赋值。另外定义 $u|_{(t=0)}=0$，u 为模型的初始位移，初始位移为零。

② 地下水渗流场

由于将岩土体视为孔隙介质，模型均定义为渗流区，根据资料模型初始孔隙压力赋均值，$p|_{(t=0)}=2$ MPa，其中 p 为多孔介质孔隙压力。

(2) 边界条件

① $u|_{b}=u_{1}$，u_{1} 为边界上的位移，模型中定义底部为“固定边界”，即限制单元在三维空间上的变形，即位移为 0。

② 模型顶部(地表)和井下采掘形成的采空区为临空面，由于地表、采空区直接与大气相通，定义为自由边界；岩体的孔隙压力为大气压，其边界压力值为大气压(值为 0.1 MPa)。

③ 采宽较模型研究范围相对较小，模型两侧在水平方向变形基本可以忽略，因而定义为“辊边界”，即允许边界单位仅在垂向上有位移产生，水平方向位移为 0。

④ 依据有效应力原理，模型中的附加应力即为渗流场计算的地下水孔隙压力$-p$，以体荷载（体力）的形式附加于固体的位移场方程，不同于固体介质受面力作用，体力是分布在介质内部的力，即模型渗流场中各个介质计算节点均受此孔隙压力p，“－”表示承压的孔隙水压力方向与固体的主应力方向相反。

⑤ 模型中基岩层以直罗组砂岩为例给定统一的岩石物理力学参数，如表4-7所列。根据公式（4-23）和公式（4-24）可换算得出砂岩层和松散层渗透系数。

表 4-7　　岩石力学-渗流参数表

岩石	容重 γ /(kg/m^3)	弹性模量 E /MPa	黏聚力 C /MPa	内摩擦角 φ /(°)	泊松比 ν	初始渗透率 k/mD
基(砂)岩	2 580	16 370	3.6	35	0.26	500
3^{-1}煤层	1 350	10 000	1.56	28	0.32	—
松散层	774	2 700	—	—	0.40	1 500

注：1 mD=0.986 9×10^{-9} m^2。

4.4.4 流固耦合仿真模拟分析

4.4.4.1 地下水环境结构要素指标变化分析

(1) 应力场

模型中定义拉应力为“＋”，压应力为“－”。图 4-25 是采场宽度为 300 m 时应力状态。

压应力集中区：由于采掘活动，采场周边发生应力集中现象，如图 4-25(b)所示，在煤岩柱向实体结构两侧达到最大值，约为-4.9×10^7 Pa，煤柱外侧正常区段压应力值为-1.51×10^7 Pa，即应力集中产生的附加应力约为正常应力的3.3倍；在采掘空间中部以上 300 m 位置，出现近水平的压应力区，该区压应力最大值为-5×10^6 Pa。

拉应力区：采场上部的一定范围内应力由原来的压应力状态转化成向采空区的拉应力状态，如图 4-25(a)所示，拉应力区基本形态为一“马鞍”形，极大值位于采掘空间中部的直接顶，最大拉应力为7.5×10^6 Pa；在近地表采掘空间外围的两侧，亦出现拉应力区，该区压应力最大值为-0.4×10^6 Pa。

(2) 位移场

模型中定义拉伸变形为“＋”，压缩变形为“－”。如图 4-26 所示，采掘扰动使围岩以采掘空间为中心主要发生向下的位移变形，位移变化基本形态为倒三角形“▽”，位移最大值即为采掘空间中心，位移量为 0.139 m；一直延伸至地表，地表形成的沉陷盆地中心的位移量约为 0.07 m（采场宽度为 300 m 时）；而在煤柱两侧压缩变形极小。

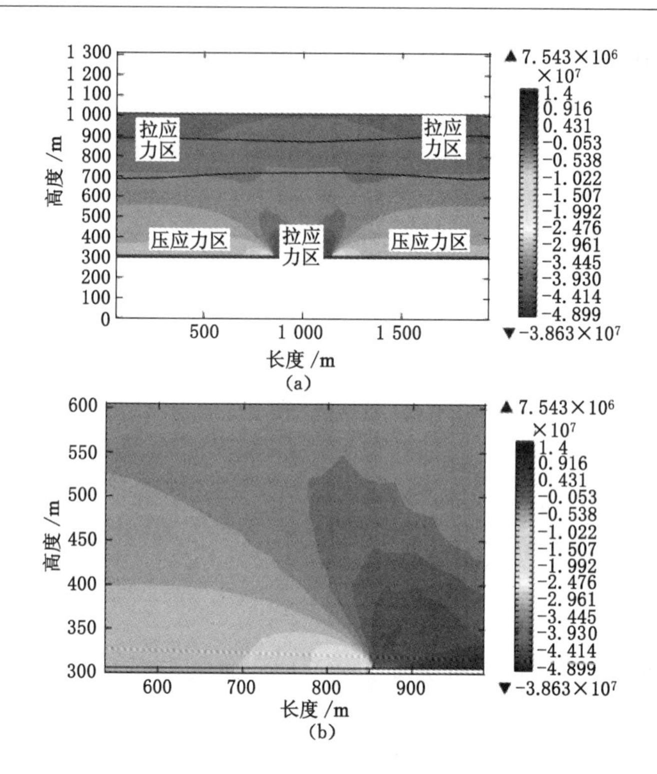

图 4-25　地应力变化(单位:Pa)

(a) 应力状态分区;(b) 煤岩柱应力集中

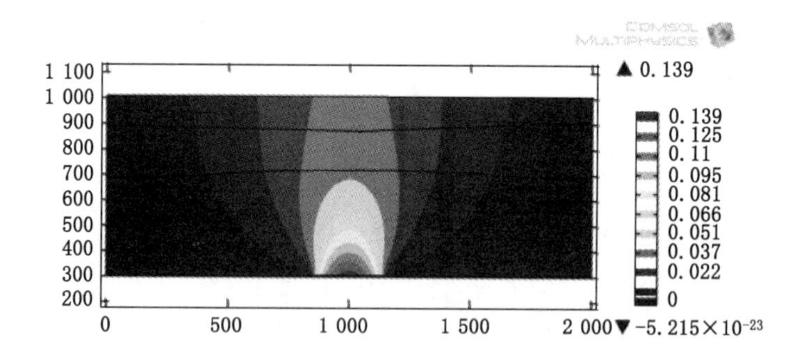

图 4-26　采掘扰动引起围岩变形的总位移(单位:m)

(3) 孔隙率变化

模型中定义孔隙率变大时为"+",变小压缩变形为"−",为了便于比较分析,模型定义模拟范围内的岩体的孔隙率为定值,初始值为 0.15。

模拟结果见图 4-27,分别在拉伸区和压缩区岩体孔隙率发生不同程度的变化。

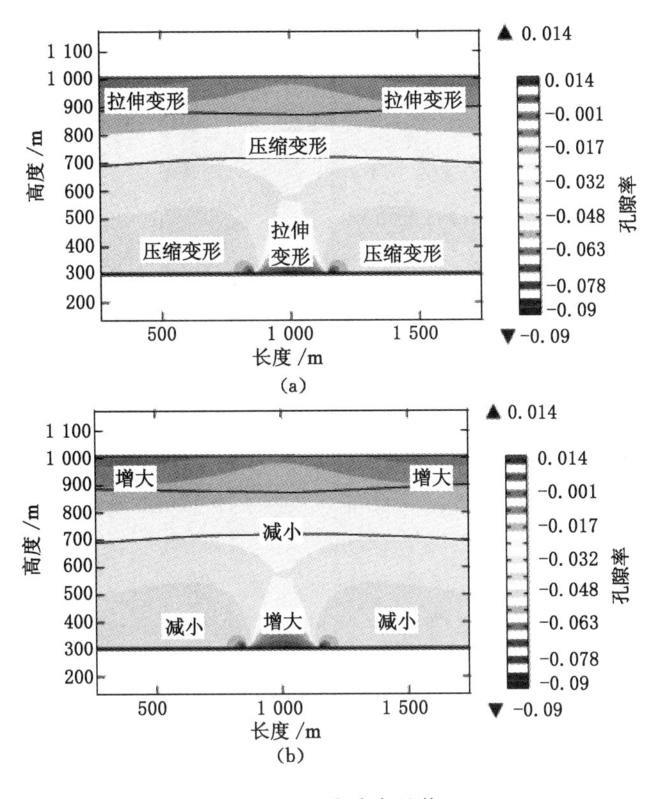

图 4-27 孔隙率差值

(a) 孔隙率状态分区；(b) 孔隙率变化趋势

拉伸区：在采掘空间顶部约 100 m 范围内，出现了正三角形“△”的拉伸区，该区岩体的孔隙率相对增大，极大值位于采掘空间的直接顶，变化了 0.014，增大了 9.3%；在地表沉陷盆地的两侧岩体发生拉伸变形，孔隙率同样增大，极大值位于地表沉陷盆地边缘，变化了 0.005，增大了 3.3%。

压缩区：在采掘空间拉伸区顶部，出现了倒三角形“▽”的压缩区，该区岩体的孔隙率相对减小，极小值位于采掘空间正上方约 300 m 的位置，孔隙率减小了 0.02，减小 13%；在采掘空间的煤岩柱两侧的压缩区，压缩最为剧烈。

(4) 渗透能力变化

模型中定义渗透率变大时为“+”，变小时为“−”，为了便于比较分析，模型定义模拟范围内的岩体的渗透率为定值，初始值为 500 mD。根据模拟结果，如图 4-28 所示，分别在拉伸区和压缩区岩体渗透率发生不同程度的变化，基本形态与孔隙率变化较为一致。

拉伸区：在采掘空间顶部约 100 m 范围内，出现了正三角形“△”的拉伸区，该区岩体的渗透率相对增大，极大值位于采掘空间的直接顶，变化了 75.8 mD，

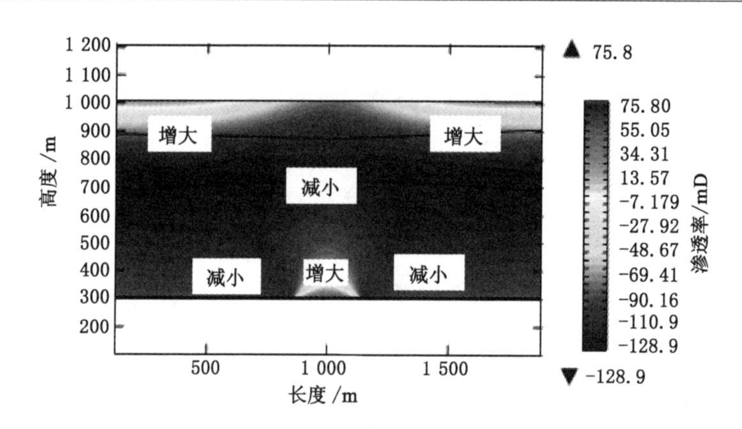

图 4-28 渗透率差值(单位:mD)

增大了 15%;在地表沉陷盆地的两侧岩体发生拉伸变形,渗透率同样增大,极大值位于地表沉陷盆地边缘,变化了 13 mD,增大了 3%。

压缩区:在采掘空间拉伸区顶部,出现了倒三角形"▽"的压缩区,该区岩体的渗透率相对减小,极小值位于采掘空间正上方约 300 m 的位置,孔隙率减小了 54 mD,减小约 10%;在采掘空间的煤岩柱两侧的压缩区,压缩最为剧烈,渗透率最大变化了 129 mD,减小了 26%。由式(4-22)可知,渗透系数与渗透率为线性关系,因而渗透系数与覆岩含水介质渗透率的变化一致。

4.4.4.2 地下水环境水动力要素变化分析

(1) 水压

地下水动力学中水头概念:

$$H = z + p/\gamma \tag{4-30}$$

式中 H——水头值,m;

z——位置水头,m;

p——孔隙水压力,MPa;

γ——地下水容重,取 1 000 kg/m^3。

图 4-29 是采掘前地下水水压和水头的分布状态,模拟区近地表松散层内地下潜水埋深约为 2 m,在潜水面处直接与大气连通,孔隙压力为大气压力,因而为 0.1 MPa,被称为"自由表面"。如图 4-29(a)所示,随着水位埋深的增大孔隙水压力也增大,煤层顶板孔隙水压力增大至 6.5 MPa;如图 4-29(b)所示,该区地下水水头基本在+995 m 左右,天然状态下在水平方向地下水水力梯度约为 1‰,地下水流动平缓。垂向上水力梯度约为 0,说明含水层间或含水层内的地下水垂向运动微弱。

如图 4-30(a)所示,采掘后井下采掘空间(采空区)直接与大气连通,孔隙水压力也变为大气压力(为 0.1 MPa),即形成地面与井下的两个"自由表面",井下

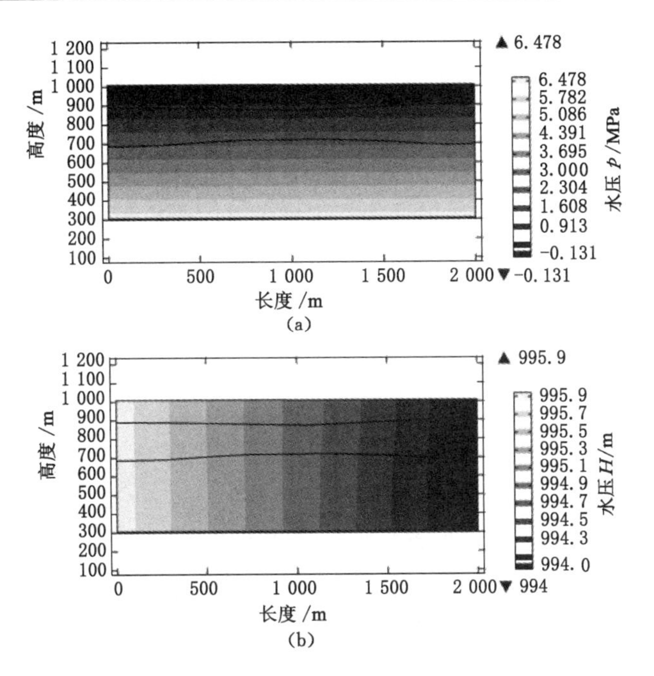

图 4-29　未采掘前水压(头)分布

(a) 水压 p(MPa);(b) 水头 H(m)

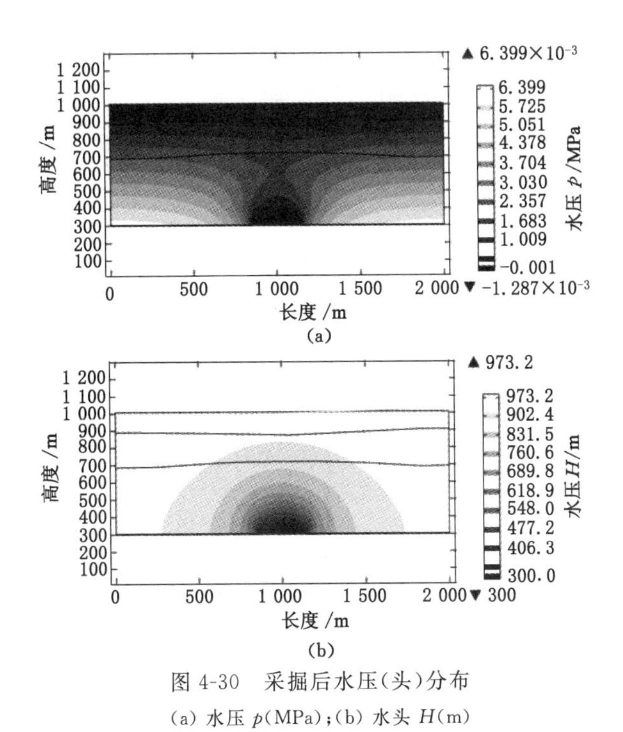

图 4-30　采掘后水压(头)分布

(a) 水压 p(MPa);(b) 水头 H(m)

的“自由表面”由采掘扰动形成的导水裂缝带上限圈闭。如图 4-30(b)所示，水头形成以井下“自由表面”为中心的降落漏斗区，该区在垂向上水力梯度急剧增大，漏斗中心水头值从＋995 m 降低为＋300 m。井下“自由表面”至近地表梯度逐渐变小，在煤层顶板 300 m 以上范围，水压和水头基本为原始状态，未形成较为明显的降落漏斗，说明煤层顶板 300 m 以上范围地下水水力状态受采掘扰动影响小，基本为天然状态下的地下水流场。

(2) 渗流速度

地下水动力学渗流速度：

$$v = Q/A \tag{4-31}$$

式中 v——渗流速度(m/d)，也称达西流速或比流量；

Q——过水断面的渗流量，m^3/d；

A——过水断面面积，m^2。

如图 4-31(a)所示，未采掘之前地下水主体流向为水平向的由西向东，在给定两侧定水头边界的条件下，松散层渗透能力较强，流速较快，基岩含水层流速次之，相对隔水层流速极小；如图 4-31(b)所示，采掘之后在模型的研究区内地下水整体流向被扰动，形成以采掘空间为中心的汇流，且越趋近采掘空间垂向地下水流速越快。

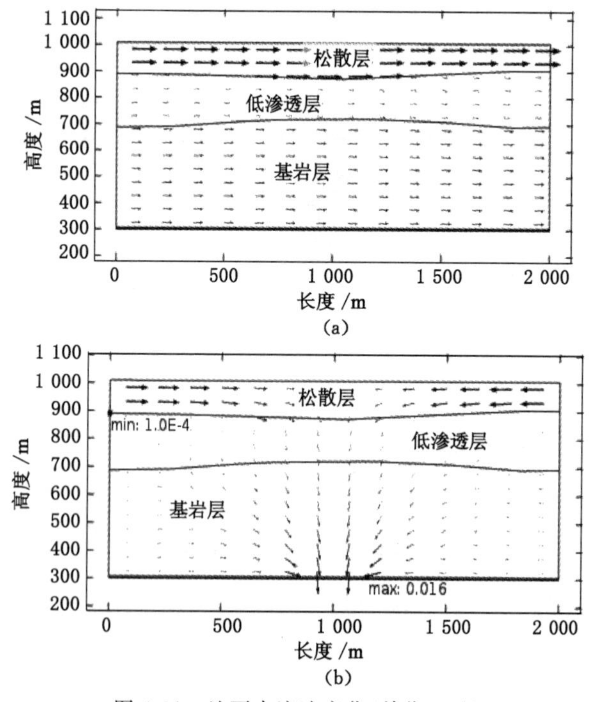

图 4-31 地下水流速变化(单位：m/d)

(a) 采掘前；(b) 采掘后

4.5 小　　结

(1) 采掘扰动形成的附加应力是地下水环境系统"结构要素"发生损伤变形的"力"源，根据主应力的大小、方向、性质(拉伸或压缩)，可将采动覆岩划分为拉应力区、拉压应力区和压应力区三类应力状态区，其应力状态决定了覆岩体变形与损伤类型和程度。

(2) 煤层开采后，在采动覆岩附加应力影响下，典型采场覆岩可形成"三带一区"(垮落带、裂隙带、弯曲带和地面沉陷区)变形损伤规律，"三带一区"是地下水环境结构控制层扰动的主要表现形式。通过物理相似材料模拟、数值模拟分析可得，深埋富水孔隙-裂隙复合型矿区采动覆岩具有"三带一区"变形损伤特征，其中案例矿井(沙拉吉达井田)覆岩导水裂缝约为 146 m，地面沉陷最大值为 4.8 m；浅埋富水松散孔隙型矿区(红柳林井田)导水裂缝直接发育至地表，仅具有"两带"型破坏特征。

(3) 运用经典地下水动力学理论方法，分析可知导水裂缝带揭露范围、弯曲带保护层厚度及渗透能力、地面沉陷范围等覆岩损伤变形是地下水资源漏失的主要因素。从采掘扰动角度分析，即扰动揭露的面积越大、冒裂带高度越高、弯曲带保护层得到渗透能力越强则地下水渗漏量越大，且地下水压力越大，同样地下水渗漏量越大。

(4) 通过轴向压缩伺服渗透试验，研究得出岩石在受力初期，变形以压密为主，出现渗透率最低点(k_i)，其值约为渗透率初值的 20%～30%；随后岩石由压密变形过渡为剪裂变形，出现渗透率的突增点(k_c)，其值约为渗透率初值的 50%；在岩石应变软化变形阶段，渗透性随应力与应变的增大而增强，渗透率峰值点(k_f)值约为渗透率初值的 5 倍以上，岩石宏观破坏后，出现塑性流变阶段，渗透率基本趋于稳定，破碎岩石在残余强度下的渗透性(k_m)值约为渗透率初值的 3 倍左右。

(5) 通过基于流-固耦合数值模拟手段，研究了深埋富水孔隙-裂隙复合型煤层开采扰动下围岩应力场、位移场及岩体介质渗透率等地下水环境系统"结构要素"的演化机理，以及地下水环境"水动力要素"(水位、水压、渗流)响应规律。结果显示，采动覆岩应力状态分区明显，压应力区岩体渗透能力减小，渗透率最大减小了 26%，拉应力区渗透率约增大了 15%；采掘后井下采掘空间直接与大气连通，即形成井下水压"自由表面"，以"自由表面"为中心的降落漏斗明显，垂向水力梯度、流速加剧；在煤层顶板 300 m 以上范围，水压水头基本为原始状态。

5 煤炭开采对地下水环境系统扰动定量评价技术研究

本章提出了以地下水系统数值仿真为基础的地下水环境系统扰动评价的技术思路，探索在地下水系统数值模拟中地下水环境结构控制层扰动要素的数值化处理方法，分别从地下水水位、含水层厚度、水均衡分布出发提出表征地下水环境系统扰动程度三大指标。

5.1 矿区地下水环境系统扰动数值模型的构建

5.1.1 技术思路

计算机科学在水文地质学中的广泛应用，使数值法在水资源评价、预测和管理中得到迅速的发展，它使地下水资源研究从传统的研究方法转到模型研究，大大提高了地下水资源评价定量化程度[151]。数值模拟方法较之解析法乃至其他评价方法来说，它能够比较全面地刻画地下水系统的内部结构特点，模拟比较复杂的系统边界及其他一般解析方法难以处理的水文地质问题。可以说，无论多么复杂的水文地质问题，只要能归结为利用一组数学方程刻画的数学问题后，借助于大型计算机这个现代科技手段，总可以用数值模拟方法获得对问题的定量化解答。所以，数值模拟方法是目前水文地质计算中一种强有力的数学工具，它的推广应用标志着水文地质条件定量计算与分析进入了新的发展阶段。

Visual Modflow 是国际上先进的、应用最广、最为公认的地下水系统模拟软件平台，矿区地下水环境建模即是在传统地下水系统建模的基础上，通过数值化处理煤层采掘扰动对地下水环境系统的扰动要素，来建立采煤对地下水环境系统影响程度的评价模型。如图 5-1 所示，煤矿区地下水环境系统扰动数值仿真建模过程基本上可分为以下步骤：

(1) 根据研究问题，对研究区地质与水文地质条件进行概化，形成概念模型。

(2) 建立合适的数学模型和定解条件。

(3) 离散化模拟计算区域，构建地下水水动力系统计算机数值模型。

(4) 利用实际水文地质试验资料进行模型的参数反演、模型识别和模型校

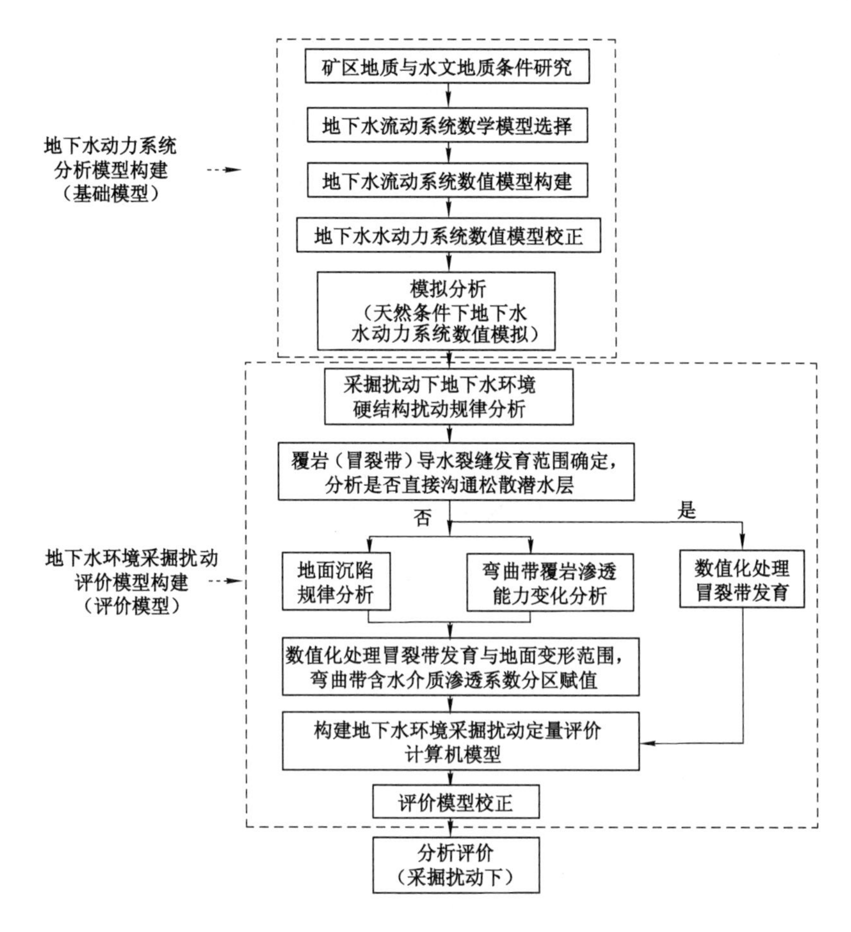

图 5-1 地下水环境扰动数值仿真技术路线

正，主要包括含水层水文地质参数的调参、边界条件校正、源汇项水量调整等。

(5) 建立地下水水动力系统仿真模型，对天然条件下（未采掘前）地下水水动力系统进行稳定流模拟，包括地下水水位模拟、水均衡项的计算，如降雨补给与蒸发排泄量、侧向补给与排泄量、地表水体补给与排泄量等。即对地下水环境系统的初始状态进行模拟分析，是采掘扰动定量评价的基础模型。

(6) 分析采煤扰动导致的覆岩破坏规律，重点分析导水裂缝发育高度与松散含水层空间位置关系。

(7) 浅埋煤层孔隙型矿区，地下水环境结构控制层具有“两带”扰动特征，其导水裂缝直接沟通（或揭露）松散含水层时，松散层地下水直接涌入采掘空间，在建立的地下水水动力数值模型中，通过数值化处理导水裂缝发育的平面范围，进而构建地下水环境扰动的计算机数值评价模型。

(8) 深埋煤层孔隙-裂隙复合型矿区，地下水环境结构控制层具有“三带一区”扰动特征,即“两带”(导水裂缝带)未沟通(或揭露)松散含水层,需进一步分析“弯曲带”覆岩渗透能力变化程度,以及地面沉陷区范围。进而在建立的地下水水动力系统数值模型中,通过数值化处理导水裂缝发育的平面和垂向上空间范围,根据地面沉陷分析成果对模型的上边界(地面)进行重新剖分,以及根据弯曲带覆岩渗透率研究成果对含水介质渗透能力重现进行参数分区,最终构建该类型矿井地下水环境系统扰动的计算机数值评价模型。

(9) 利用矿井水涌水量、松散层水文长观测孔观测资料对模型进一步校正,深埋型矿区主要对弯曲带覆岩的渗透系数进一步修正。

(10) 进行现状评价,或以煤层采掘规划为依据分阶段进行预测、预报评价。

综上所述,(1)～(5)是传统的地下水水动力系统数值模型的构建过程,其目的是对天然状态下(未采掘前)地下水环境状态进行输出分析,是采掘扰动后地下水环境系统状态对比分析的背景模型;(6)～(10)是采掘扰动地下水评价模型的构建,以背景模型为基础,运行与输出评价模型,达到采掘扰动下地下水环境水力驱动层定量评价。

5.1.2 地下水环境系统“结构控制层”扰动的模型化处理

从本书第3章地下水环境扰动因素分析可知,采掘扰动引起地下水环境覆岩变形与破坏是地下水水动力系统响应的控制因素,主要包括扰动形成具有导水能力的垮落带和裂缝带的覆岩裂缝、弯曲带覆岩渗透能力变化、地面沉陷区,即“三带一区”四个方面,下面就“三带一区”在地下水系统数值模型数值化处理技术展开研究。

5.1.2.1 覆岩导水裂缝带(垮落带、裂缝带)数值化处理技术

从地下水系统角度分析,当导水裂缝发育到某一高度(层位),在冒裂带发育范围内的含水层会破坏直接沟通,即地下水环境子系统间、系统间的边界要素完整性、相对封闭性被打破,如图5-2所示。松散孔隙地下水子系统与基岩裂隙子系统间隔水边界因扰动缺失,并且与人类采掘活动的外围扰动层沟通,主要存在以下三个特点:

(1) 在导水裂缝带内,地下水体沿垂向扰动裂隙迅速涌入采空区,采空区顶部含水层侧向补给切断,因而在无垂向无越流或大气降水直接补给时顶部含水层被迅速疏干。

(2) 在导水裂缝带外,含水层未受破坏,含水层继续接受区外侧向补给。

(3) 如图5-2(a)所示,在导水裂缝带外围边界处,形成了切割含水层的地下水排泄“带”,同样沿边界内的导水裂缝涌入采空区形成了较为稳定的矿井正常涌水。如图5-2(b)所示,被切割含水层地下水水位下降至该含水层底板,即其水位高度等于该处的含水层底板标高:

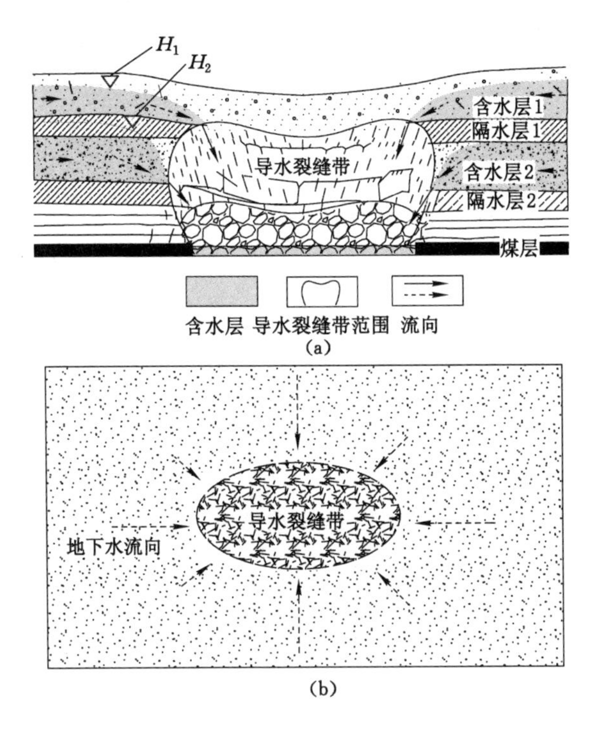

图 5-2 地下水与导水裂缝带关系示意图

(a) 剖面;(b) 平面

$$H_c = H_z$$

① 水头边界处理技术

在导水裂缝带上方外围边界处,当导水裂缝未揭露上覆的含水层,上部的含水层在垂向上可能形成稳定的越流补给。由于导水裂缝直接与大气连通,其水压力变为0,即水头高度近似等于该处的位置水头标高(冒裂带高程):

$$H_c = H_{冒}$$

从水文地质条件概化的角度来讲,导水裂缝切割含水层的接触带构成了地下水系统的“内边界”,可以概化为地下水运动的一类水头边界条件,且水头边界水头值即为该处含水层底板标高。

以此为约束条件,在地下水数值模型中将导水裂缝切割含水层的接触带数值化处理成地下水水头边界,通过识别含水层底板标高,来定义水头边界的水位值,以圈闭的定水头边界划定水量均衡区,流入定水头边界地下水量即为含水层地下水的流失量,定水头边界的数值处理方法适宜于由于长期采掘形成矿井正常涌水量(即地下水流失量)等稳定流计算问题。

② 排水边界处理技术

由于导水裂缝切割含水层形成了地下水“排泄带”，含水层水位迅速下降，并稳定至含水层底板，较之含水层扰动前形成稳定的定降深排水边界。在模型中线性排水边界的计算公式为：

$$\begin{cases} Q\mid_S = C_D(H - H_D) & H > H_D \\ Q\mid_S = 0 & H \leqslant H_D \end{cases} \tag{5-1}$$

式中 Q——含水层流入排水边界的水量，m^3/d；

H——水头，m；

H_D——排水标高，m；

C_D——等效水力传导系数，m^2/d，指含水层计算单元与排水单元（排水沟）之间的综合水头损失。

C_D渗透性能与网格剖分、尺寸、围岩参数及水的汇集形式等有关，由于导水裂缝导水能力强，模型中采用较大的等效水力传导系数来反映地下水排泄的特点，一般取 2～50 m^2/d 为初值[152]，可通过正演模型校正确定。

从上式可以看出，地下水漏失量大小正比于渗流单元水头与排水沟单元水头的差值，因此排水边界数值处理技术能较好模拟出采掘过程中涌水量动态变化（即地下水漏失量）等非稳定流计算问题。

5.1.2.2 “弯曲带”覆岩渗透能力分析与数值化处理技术

深埋煤层开采易形成典型的“上三带”结构，其中弯曲带虽未形成具有较强导水能力的扰动裂缝，地应力状态变化使覆岩发生弯曲变形，导致弯曲带不同区段的覆岩的渗透能力发生变化。目前，研究人员尚未总结出相关的经验公式，通过实验室进行三轴压裂或拉伸伺服渗透试验等分析成果，仍然具有较强的局限性。现场采前、采后取芯测试，受钻孔位置、取芯的质量和数量等客观原因限制，其测试成果可靠度一般。

浅埋煤层开采导水裂缝一般直接发育至地表，覆岩为垮落带与裂隙带“两带型”采动裂缝，深埋煤层开采易形成典型的“三带一区”型结构，弯曲带虽未形成具有较强导水能力的扰动裂缝，地应力状态变化使覆岩发生不同程度与形式变形。如图 5-3 所示，位于采掘空间上方弯曲带的压缩区其岩体渗透能力相对减小，两侧拉伸区岩体渗透能力相对减弱。

基于以上分析方法，采用基于流固耦合数值模拟方法，能较好地对弯曲带渗透能力变化规律进行研究，定量地得出采掘后渗透能力在不同区段的变化程度，具有一定的指导价值。在地下水系统建模时，由于采掘扰动后弯曲带覆岩仍为连续介质，可以根据渗透能力在采掘前后的变化趋势，进行渗透能力参数分区，即划定渗透能力变化趋势一致的区段，进行参数分区，分区内的渗透能力参数进行重新赋值，达到采掘扰动下渗透能力变化的数值化处理目的。

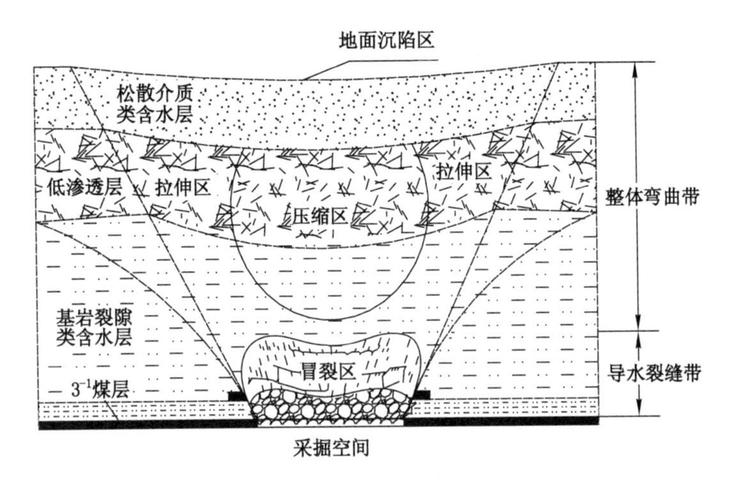

图 5-3 弯曲带渗透能力分区图

5.1.2.3 地面沉陷区定量分析与数值化处理技术

地面沉陷易形成地面积水或降低了潜水水位埋深，从而加大了地下水资源的无效蒸发，因而在建模过程中应予以考虑。如图 5-4 所示，根据地面沉陷预测或实测结果，通过改变地面高程值，对模型的上边界进行重新剖分。

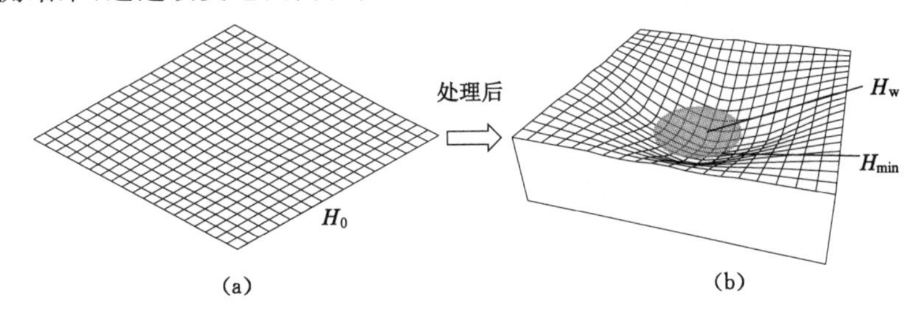

图 5-4 地面沉陷数值化处理示意图

(a) 沉陷前；(b) 沉陷后

需要注意的是，在重新改变了上边界条件后，须对模型进行试运行，分析沉陷区最低点的地面标高 H_{min} 与潜水地下水水位标高 H_w 的关系。当 $H_{min}<H_w$，地下水出露于地表，形成地表积水，此时需对地面进行蒸发能力的重新分区，积水区范围按照水面蒸发处理，其他区域仍按照潜水蒸发处理；当 $H_{min} \geqslant H_w$，地下水未出露，全区仍为潜水蒸发，但是由于埋深的降低，潜水蒸发量可能增大。

5.1.3 地下水环境水动力系统扰动的数学模型

由于岩性空间分布、构造条件和水动力条件存在差异性，致使研究区松散介质孔隙含水层与下伏基岩裂隙含水层，以及层间相对隔水层在空间表现出明显的非均质特征。因此，依据水文地质概念模型特征，建立研究区三维地下水流非稳定数学模型：

$$
\begin{cases}
\frac{\partial}{\partial x}\left(K\frac{\partial H}{\partial x}\right)+\frac{\partial}{\partial y}\left(K\frac{\partial H}{\partial y}\right)+\frac{\partial}{\partial z}\left(K\frac{\partial H}{\partial z}\right)-\sum_{i=1}^{m}Q_i\delta_i=S_s\frac{\partial H}{\partial t} & (x,y,z)\in D,\ t>0 \\
H(x,y,z,0)=H_0(x,y,z) & (x,y,z)\in D \\
K\frac{\partial H}{\partial n}\Big|_{\Gamma_i}=q_i(x,y,z,t) & (x,y,z)\in\Gamma_i,\ t>0,\ i=2,3,4 \\
H(x,y,z)\Big|_{\Gamma_j}=H(x,y,z) & (x,y,z)\in\Gamma_j \\
H(x,y,z)\Big|_{\Gamma_1}=Z(x,y,z) & (x,y,z)\in\Gamma_1 \\
\begin{cases} H=Z \\ \mu\frac{\partial H}{\partial t}=-(K+W)\frac{\partial H}{\partial z}+W \end{cases} & (\text{潜水面},t>0)
\end{cases}
\tag{5-2}
$$

式中 D——渗流区域，即研究区的空间范围，一般为研究区所在的水文地质单元或人为划定圈闭的研究区段；

H——模型各节点的水位标高，m；

K——各含水层的渗透系数，m/d；

S_s——（承压含水层）自由水面以下含水层储水率，1/d；

μ——近地表松散孔隙含水层（潜水）的重力给水度；

W——潜水面的降水补给量与蒸发排泄量综合项，$m^2/(d\cdot m^2)$；

$H_0(x, y, z)$——含水层的初始水位分布，m；

Γ_i——研究区外部的第一类水头边界，如河流边界；

Γ_j——研究区外部第二类边界，如侧向流量补给边界；

Γ_1——研究区内部的第一类水头边界，如数值化井田导水裂缝带与含水层的接触带；

$q_i(x,y,z,t)$——二类边界的单宽流量，$m^2/(d\cdot m^2)$；

n——渗流区边界的法线方向；

Q_i——第 i 口井的抽水量，m^3/d；

δ_i——第 i 口井的狄拉克函数，$\delta_i=\delta(x-x_i,y-y_i)$，$(x_i,y_i)$ 为第 i 口井的坐标。

当模型进行稳定流模拟计算时，水位 H 与时间 t 无关，即数学模型中 $\frac{\partial H}{\partial t}=0$ 即可。式(5-2)即为地下水环境水动力系统扰动定量评价的数学模型。

5.2 煤层开采对地下水环境扰动程度的主要指标

5.2.1 生态水位扰动程度指标

控制地下水位是沙漠区科学采煤的核心[153]，采掘扰动导致松散层地下水水位下降，引发西部干旱矿区生态环境的负面响应。王双明、范立民等提出合理生态地下水位埋深为 1.5～5.0 m[154]，当松散层潜水位埋深低于该值，该区生态环境将发生演变。因而根据水位提出生态水位扰动指标：

$$E_{\mathrm{He}} = \frac{D + \Delta S}{D_{\mathrm{e}}} \tag{5-3}$$

即：生态扰动程度＝(原始水位埋深＋水位降深)/生态水位埋深。

图 5-5 是指标参数的示意图，其中 D 为原始水位埋深(m)；ΔS 为采掘扰动后的水位降深(m)；D_{e} 为合理生态水位埋深(m)；E_{He}为生态扰动指标。当 $E_{\mathrm{He}}<1$，合理生态影响程度范围；$E_{\mathrm{He}}>1$，生态破坏严重。数值越小说明采掘扰动程度越小。通过绘制该指标的等值线图，该指标能简便地表征采煤活动对生态环境的扰动程度，由于各地域的生态立地条件不同，生态水位的埋深不同，因而生态水位标准取值须根据地域生态环境研究成果进行取值。根据研究区生态立地条件，该指标适应于松散层水位埋深较浅的中深部矿区(水源地、生态保护区等)。

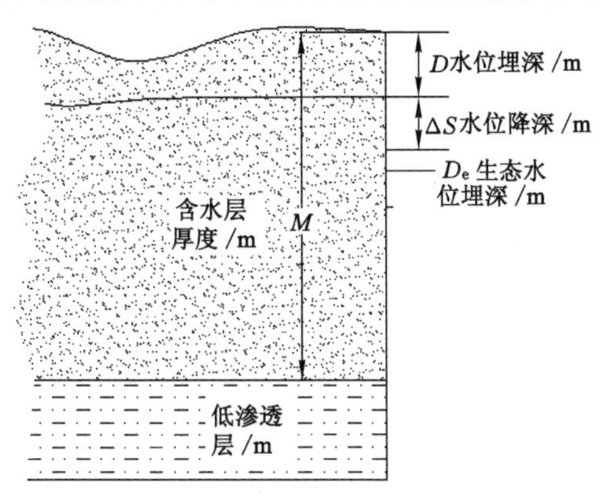

图 5-5　指标特征示意图

5.2.2　含水层扰动程度指标

松散层地下水为潜水，潜水位与包气带的界面到含水层底板的距离，即为含水层厚度。当潜水位下降，水位降落段的含水层被疏干，含水层厚度减小。地下水降落漏斗评价方法就是通过识别出降落漏斗的面积和漏斗中心水位的最大降深，来界定地下水下降是否构成环境地质问题或者带来地质灾害。其评价标准为地下水的最大降深是否超过了含水层的极限开采深度。据前人研究成果[155]，认为潜水含水层的极限开采深度是由地表到潜水含水层厚度的 1/2 处的距离。因此，根据含水层厚度的变化，给出潜水含水层扰动程度指标，如下式：

$$E_{\mathrm{Ha}} = \frac{D + \Delta S}{M} \tag{5-4}$$

即:含水层扰动程度指标=(原始水位埋深+水位降深)/含水层厚度。

其中,D 为原始水位埋深(m);ΔS 为采掘扰动后的水位降深(m);M 为含水层厚度(m);E_{Ha} 为含水层扰动指标,其值介于 0～1 之间,数值越小说明采掘扰动程度越小。当值为 1/2 时,表征含水层已到极限扰动程度;当值为 1 时,说明含水层被疏干。根据研究区生态立地条件,该指标适应于松散层分区较为稳定的地貌单元。

5.2.3 水均衡扰动指标

采矿活动改变了自然条件下的地下水补、径、排条件,形成了新的地下水赋存形式——矿坑水,其"三水"的转化规律和转化量发生了改变。从研究区水均衡角度分析,地下水水均衡排泄项包括蒸发排泄、侧向排泄、向地表水水体排泄、采掘空间(矿坑水)、工农业取水等,目前由于矿坑水尚未形成完善的、广泛的综合利用体系,矿坑水仍作为水资源损失量考虑。因此,根据矿坑水与采掘前地下水排泄总量的比值给出地下水水均衡量的扰动程度指标,如下式:

$$E_{Q} = \frac{\Delta Q}{Q_{原泄}} \tag{5-5}$$

即:水均衡扰动程度指标=水资源损失量/未采掘前地下水排泄总量。

其中,ΔQ 为地下水向采掘空间排泄量;$Q_{原泄}$ 为采掘前地下水排泄总量;E_{Q} 为水均衡扰动指标。其值一般小于 1,其值越大表征矿井水对地下水资源袭夺量越大,采掘扰动程度越强烈。

5.3 小　　结

(1) 提出了以地下水数值模型为基础的地下水环境系统扰动程度定量评价技术方法和技术思路。

(2) 研究了扰动因素的模型化处理技术。在地下水系统数值模型中将导水裂缝切割含水层的接触带数值化处理成地下水系统的一类内部边界问题,通过识别含水层底板标高,来定义水头边界的水位值,是导水裂缝带(两带)数值化处理的主要方法;根据弯曲带渗透能力在采掘前后的变化趋势,进行渗透能力参数分区,达到采掘扰动下弯曲带渗透能力变化的数值化处理;根据地面沉陷区预测或实测结果,通过改变地面高程值,对模型的上边界进行重新剖分,达到地面沉陷区的数值化处理。

(3) 根据研究区地下水环境系统特征,分别提出生态水位、含水层结构、水均衡三个表征地下水环境系统扰动程度的指标。

6　深埋煤层区孔隙-裂隙复合型地下水环境系统扰动定量评价

本章引用研究区案例，采用前章总结的地下水环境扰动数值仿真评价模型建模思路，将采煤覆岩破坏研究与地下水系统研究整合，重点针对研究区深埋煤层孔隙-裂隙复合型地下水环境系统受采煤扰动程度进行了定量评价研究。

6.1　研究区地下水系统基础模型构建

6.1.1　井田地质与水文地质背景

沙拉吉达井田位于研究区的深部，属呼吉尔特矿区，根据地下水的赋存特征，潜水含水层主要由第四系上更新统萨拉乌苏组冲湖积层和全新统风积层等松散岩类地层组成，水位埋深一般小于 2 m。基岩裂隙含水层由侏罗系中下统延安组砂岩地层组成，3^{-1}煤层距松散含水层底界约为 300 m。如图 6-1 所示，井田内建设有鄂尔多斯市饮用水水源地保护区，共建成水源井 51 眼，其中供水井 40 眼，备用水井 11 眼。取水井井深 150 m 左右，开采规模 10 万 t/d，主取水层位为第四系上更新统萨拉乌苏组松散岩类孔隙含水层。井田采煤是否对水源地用水安全存在影响，存在多大影响，是本章研究的主要问题。

建立一个与研究区孔隙潜水和顶板砂岩裂隙承压含水系统相同或相近的地下水数值模型，就必须对复杂的地下水环境系统进行合理的分析与概化。其中主要包括孔隙、砂岩裂隙含水层的结构(分层)、边界条件(水头或者流量边界)和水动力状态(稳定流与非稳定流)的概化。本次以水源地主要模拟区域，如图6-2所示，重点模拟层位为地表风积沙、萨拉乌苏组孔隙含水层、白垩系志丹群裂隙-孔隙含水层及 3^{-1}煤层顶板的延安组砂岩裂隙含水层。

6.1.2　地下水系统模型构建

(1) 剖分：通过收集模拟区地质钻孔信息(图 6-2)，将概化的水文地质概念模型在垂向上按含水层岩性剖分为孔隙含水层、砂岩裂隙含水层与 3^{-1}煤之间的相对隔水层。第一层：风积沙、萨拉乌苏组松散孔隙潜水含水层；第二层：白垩系洛河组、环河组底板(志丹群)孔隙裂隙含水层；第三层：直罗组相对隔水层；第

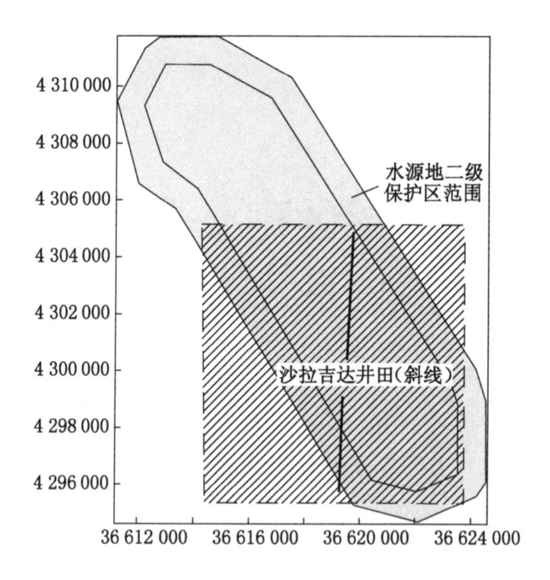

图 6-1　研究区范围示意图

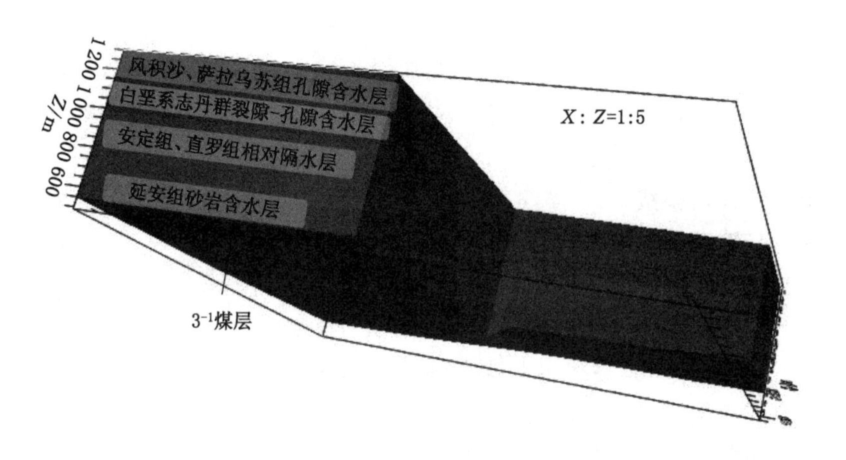

图 6-2　计算机模型

四层:延安组砂岩裂隙承压水层;第五层:3^{-1}煤。

(2) 参数赋值:模型在垂向上根据地质岩性结构特征划分为 5 个对应的参数分区,分别为风积沙及萨拉乌苏组、白垩系、安定组、延安组、煤层 5 个地质分层。平面上,根据收集到研究区水文地质钻孔资料的水文地质参数信息(均进行过单孔或群孔抽水试验),在平面上根据统计资料绘制孔隙含水层渗透系数等值线图,将渗透系数通过插值计算导入模型,作为模型的计算预赋值,进行稳定流模拟,其后再根据含水层地层对接关系、岩性分布特征,以及地下水补给、径流、排泄等,对研究区含水层进行水文地质参数分区。通过局部调整孔隙含水层渗透系数与重力给水度使稳定流计算流场与实测天然流场基本一致。

(3) 源汇项输入与边界条件：水源地水源井开采规模 10×10^4 t/d，模型中根据水源地取水孔实际位置设置抽水井。大气降水取多年平均值(按照 1985～2004 年降水概率 50%)[107]，风积沙区降雨入渗系数 $\alpha=0.34$。具体源汇项见表 6-1。研究区距离水文地质单元的天然边界较远，根据孔隙含水层天然流场特征，其主体地下水水流方向由西北向东南向，区内水位变幅极小，因而初步定义模拟区西北与东南边界以实测水位为准定义为一类水头边界，两侧与地下水径流方向平行，定义为二类零通量边界。

表 6-1　　模型源汇项输入表

主要源汇项	数值
年大气降水量/mm	387.49
年蒸发量/mm	−1 102.8
水源地开采量/(m^3/d)	−100 000
生活与灌溉用水/(m^3/d)	−30 400

6.1.3 模型校正与天然条件下流场分析

由于井田内未进行过群孔放水试验，通过调整含水层渗透系数与重力给水度等参数使稳定流计算流场与实测天然流场基本一致，对模型进行校正。图6-3为研究区孔隙含水层实测水位与稳定流计算水位的对比，从两图可以看出实测水位与计算水位趋势一致，流场宏观效果较好，对于研究区相对简单的水文地质条件来讲，模型整体可靠度较高，较好地反映了区内地下水流的实际流场特征，满足本次评价工作要求。天然条件下，研究区地下水流向为自北向南，水力梯度小，约为 1‰。

从表 6-2 可以看出，天然状态下研究区地下水主要接受大气降水的补给，占到 90%以上，侧向补给仅为 6%，蒸发排泄是主要的排泄形式，约为 80%，向下游的侧向排泄约为 20%。

表 6-2　　地下水均衡分析表

源汇项/(m^3/d)			百分比/%	合计/(m^3/d)
源项	降雨补给量	369 316.7	93.42	395 348.7
	侧向补给量	26 032	6.58	
汇项	蒸发排泄量	313 387	79.27	395 341
	侧向排泄量	81 954	20.73	

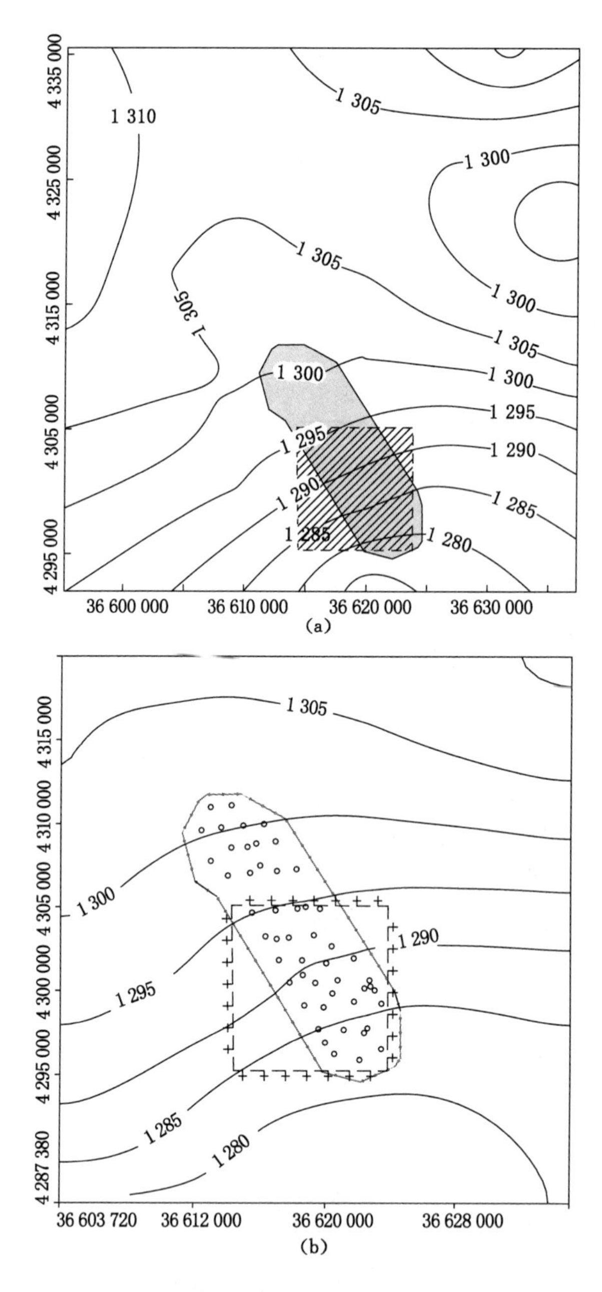

图 6-3　孔隙含水层实测水位与计算水位对比

（水源地未取水，2005 年）

(a) 实测水位；(b) 计算水位

6.2 评价模型构建

6.2.1 导水裂缝数值化处理

(1) 导水裂缝与松散含水层空间关系分析

根据评价模型建模的技术思路，利用前面对案例矿井覆岩裂缝的研究成果，重点分析导水裂缝发育高度与松散含水层空间位置关系。沙拉吉达井田采动导水裂隙带发育高度最大为 146.5 m 左右，裂采比为 21。如图 6-4 所示，3^{-1}煤层位于延安组中部，延安组地层本身砂岩裂隙含水层组，开采后导水裂缝将直接沟通该含水层，因而构成了矿井涌水的直接充水水源；3^{-1}煤距洛河组、环河组碎屑岩类裂隙孔隙含水层为 272.94～520.75 m，平均 343.97 m，大于 3^{-1}煤层导水裂缝发育高度(146.5 m)，余留保护层(隔水层)厚达到 118～365 m。因而，可初步认为 3^{-1}煤层开采对哈头才当水源地的供水含水层(萨拉乌苏组含水层)无直接影响。

(2) 数值化处理

从导水裂缝与含水层空间分布关系可知，导水裂缝不能波及近地表的松散介质含水层，但沟通了直罗组、延安组基岩裂隙含水层，导致直罗组和延安组含水层地下水沿导水裂缝带涌入井下，位于冒裂带平面范围内两含水层被疏干，因此定义导水裂缝带切割的直罗组、延安组含水层的接触带为模型的"内边界"，概化为含水层地下水运动的一类水头边界条件。根据下式，水头边界水头值为该处两含水层底板标高。

$$H(x,y,z)\big|_{\Gamma_1} = Z(x,y,z) \tag{6-1}$$

根据前章地下水环境系统扰动数值仿真的技术路线，案例井田导水裂缝带未沟通松散含水层，在评价模型构建过程中需对地面沉陷和弯曲带覆岩变化规律进行分析研究。

6.2.2 地面沉陷区模型化处理

根据前章对地面沉陷预计结果，呼吉尔特井田地表最大下沉量在 3.6～4.8 m 之间，地表最大水平变形值为 3～8.8 mm/m。图 6-5 为井田地面沉陷预测结果，绘制采掘后的地面等值线图，输入地下水系统计算机数值模型，并重现进行剖分。由于水源地大量取水使潜水位下降，经过分析地面沉陷区内不能形成永久性的沉陷积水，因而模型中沉陷区内地下水仍为潜水蒸发。

6.2.3 弯曲带覆岩渗透率分析及其模型化处理

本书第 4 章中引用本案例矿井，采用计算机数值模拟技术研究了采掘扰动影响下围岩应力场、位移场及岩体介质渗透率、孔隙率的变化，本节在此基础上

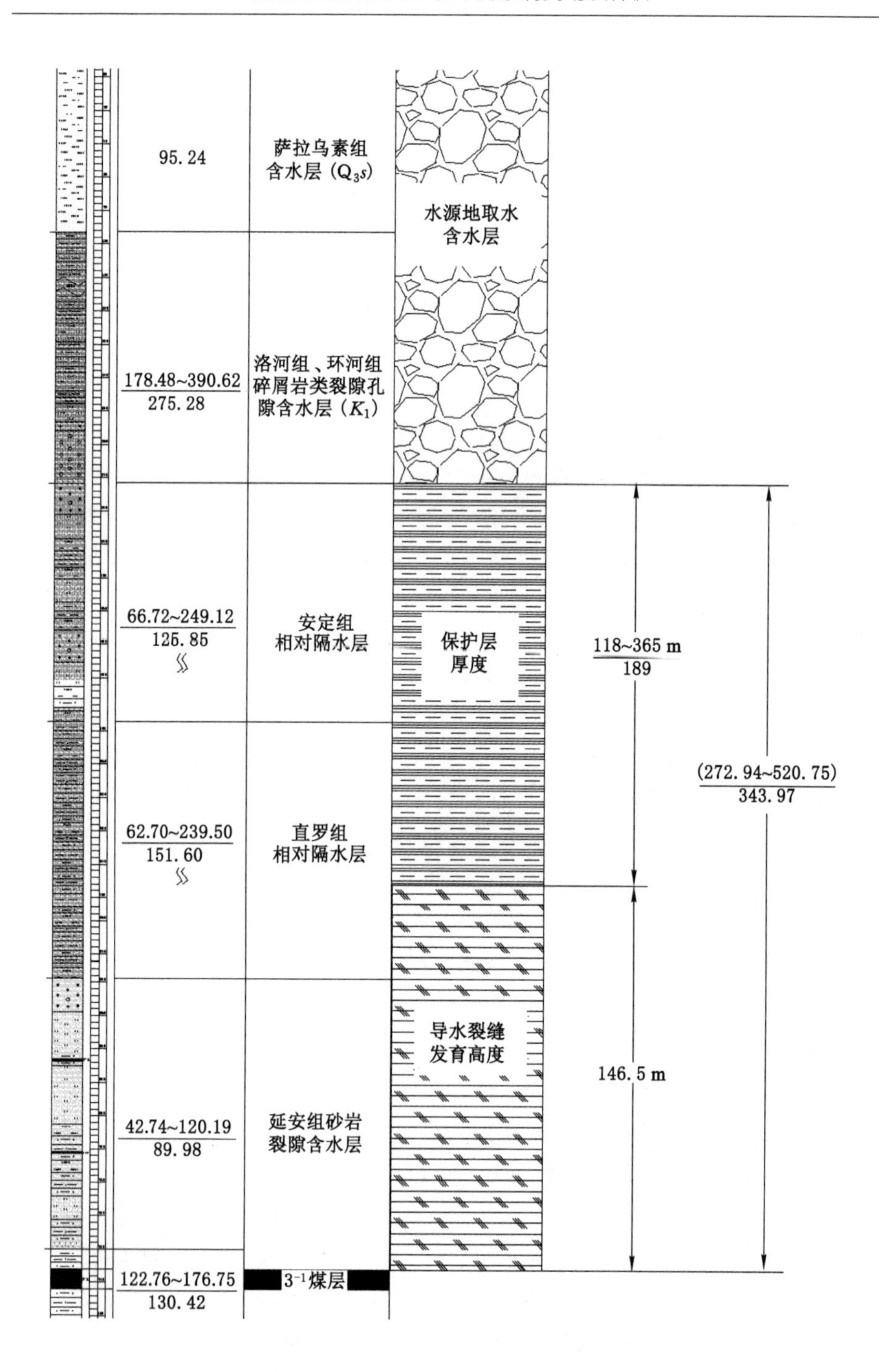

图 6-4　3^{-1}号煤层导水裂缝带发育示意图

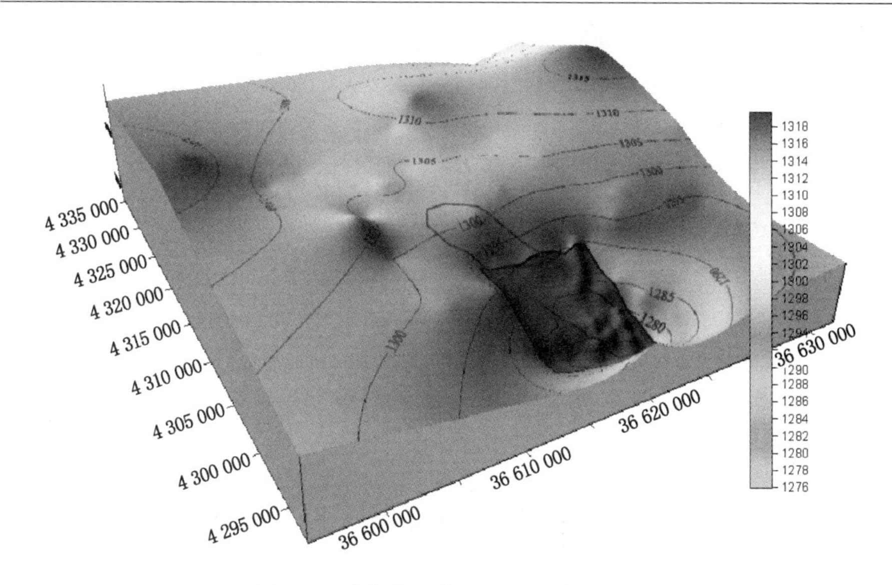

图 6-5　沙拉吉达井田地面沉陷预测成果

进行了分析应用。根据模拟结果，弯曲带存在拉伸区和压缩区，岩体渗透率发生不同程度的变化，基本形态与孔隙率变化较为一致。在地表沉陷盆地的两侧岩体发生拉伸变形，渗透率增大，极大值位于地表沉陷盆地边缘，变化了 13 mD，增大了 3%。在采掘空间拉伸区顶部，出现了倒三角形"▽"的压缩区，该区岩体的渗透率相对减小，极小值位于采掘空间正上方约 300 m 的位置，孔隙率减小了 54 mD，减小约 10%。

如图 6-6 所示，导水裂缝带以上至地表为采掘扰动形成的"弯曲带"。由分析可知，弯曲带地层为近地表松散层及其下伏的侏罗系中统安定组(J_2a)以粉砂

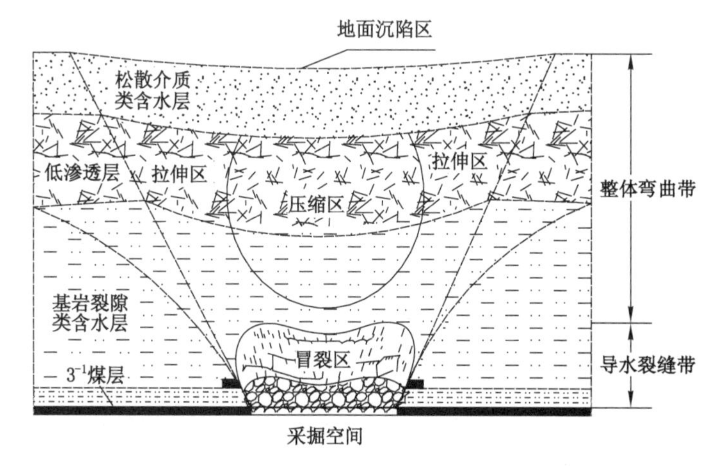

图 6-6　沙拉吉达井田采掘扰动因素模型化处理

岩、砂质泥岩类低渗透层。为了方便，根据前章研究成果，将压缩区渗透系数减少10%，拉伸区渗透系数增加3%。

6.3 地下水环境扰动定量评价与分析

6.3.1 评价方案设计

为了便于对比分析扰动各因素对地下水的影响程度，本研究提出如下预测方案：

(1) 工况1：预测无采掘活动时，水源地取水条件下区内孔隙含水层地下水流场变化趋势与特征。

(2) 工况2：如图6-7所示，预测导水裂缝带（“两带”）发育至最大、弯曲带渗透能力变化、地面沉陷区稳定后的地下水的扰动程度（水源地同时取水）。

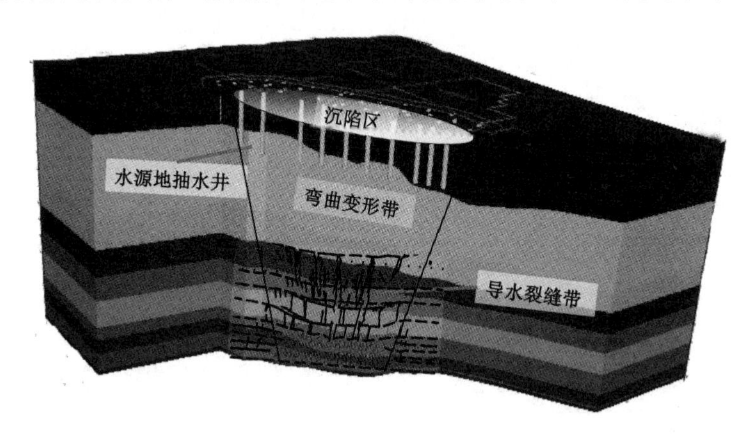

图6-7 预测方案设计示意图

具体预测按表6-3采用的预测方案，为了便于以内边界的形式数值化处理导水裂缝，将模型3^{-1}煤层顶板以上延安组砂岩裂隙含水层与直罗组隔水层细化为8个分层，如图6-7所示。

表6-3 预测方案设计表

工况	冒采比	冒裂带高度/m	井田边界外扩范围	冒裂带发育层位	地面沉陷值/m	水源地取水
工况1	0	0	0	/	0	是
工况2	24	146.5	72.28	直罗组	4.8	是

备注：冒采比是指冒裂带高度与煤层采厚的比值，井田边界外扩范围按塌陷角45°预计。

6.3.2 采掘扰动影响下地下水水动力系统模拟研究

6.3.2.1 工况1:水源地取水对地下水水动力场预测分析

本次根据水源地取水孔实际位置设置抽水井,以模型校正后的天然流场为初始水头(抽水前水位),进行非稳定模拟,预测水源地供水后的流场变化。另外在井田中部虚拟设置一水位监测孔,绘制该监测孔水位历时曲线。

从模拟结果可以看出(图6-8),在工况1的条件下(煤矿不采掘,水源地正常取水)流场分布较之初始流场,由于水源地取水研究区水位逐渐下降明显,在井田南部已形成一定范围内的降落漏斗。另外从监测孔水位历时曲线可知,当水源地取水1 800 d(5年)后监测点水位变化极小,水位基本无变化,如图6-9中的A点后,水位平均降至+1 279 m左右,水位平均降深约为5.4 m,即说明孔隙含水层流场在取水后5年基本达到稳定。

从表6-4可以看出,研究区未采掘时地下水主要接受大气降水的补给,占到90%以上,侧向补给量稍有增加,由于水位下降,区内蒸发排泄量大幅减少,减少约9.48×10^4 m^3/d,同时,水源地人工取水构成区内地下水新的排泄方式,蒸发排泄的占比亦明显减少,从80%减少至25%左右。从以上分析发现,水均衡总量稍有增加,水源地的取水量主要袭夺了潜水蒸发量。

表6-4　　工况1地下水均衡分析表

源汇项/(×10^4 m^3/d)			占比/%	合计/(×10^4 m^3/d)
源项	降雨补给量	36.93	93.24	39.61
	侧向补给量	2.68	6.76	
汇项	水源地取水	10	25.24	39.61
	蒸发排泄	21.86	55.19	
	侧向排泄量	7.75	19.57	

6.3.2.2 工况2:采掘扰动对地下水水动力场预测分析

在水源地不取水的条件下,由于孔隙含水层埋深大多小于2 m,若地面沉陷4.8 m的初期,地面沉陷区易导致地表积水,由于该地区蒸发量极大,井田由原来的潜水蒸发转变为水面蒸发,由于强烈的水面蒸发,致使水位进一步降低,孔隙含水层水资源量大量损失。目前,由于水源地大规模取水,根据对工况1水源地取水条件下孔隙含水层的流场预测分析,水源地正常取水约5年后流场达到稳定,水位平均降深达到5.4 m,大于4.8 m的地面沉陷值,且该地面沉陷值是全井田采完后地面所能形成的最大沉陷量,而沙拉吉达井田属基建矿井,5年内地面不会出现沉陷,而5年后取水形成的水位降深值大于地面沉陷值。由此说明,沙拉吉达井田长期的采掘活动不会形成地面积水,无水面蒸发,地下水仍为

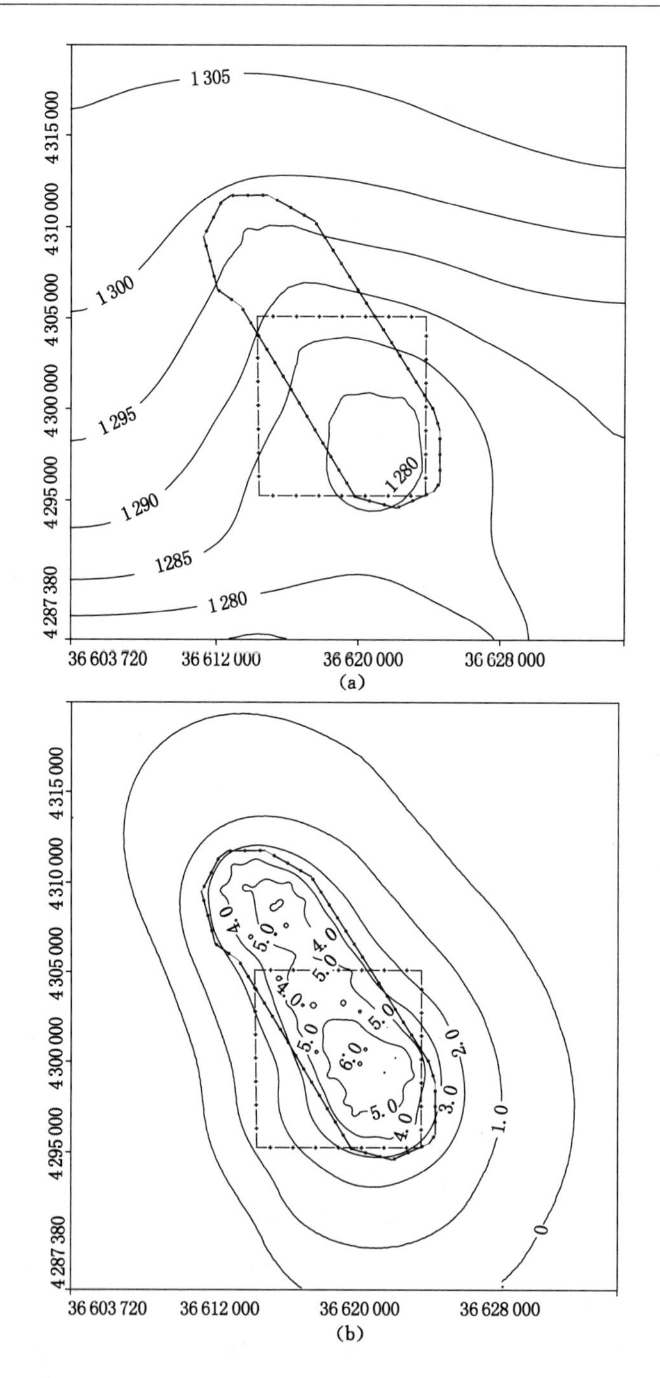

图 6-8 水源地取水流场变化(非稳定流)

(a) 松散含水层 t=1 825 d;(b) 基岩裂隙含水层 t=1 825 d

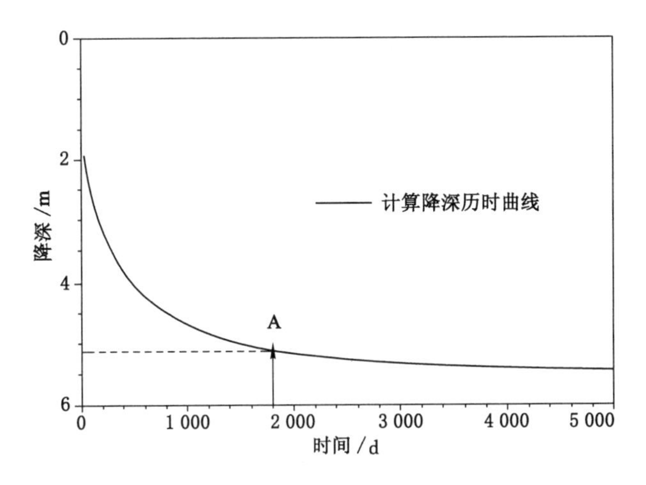

图 6-9　监测孔水位降深历时曲线-非稳定流

潜水蒸发。

工况 2(冒裂带高度 146.5 m)在模型第 6 层位井田边界处设置一类水头内部边界,水头高度等于该层底板标高,流场预测结果如图 6-10 所示。

采掘扰动下[图 6-10(a)],基岩含水层水位大幅下降,基本以井田为边界形成明显的降落漏斗。如图 6-10(b)所示,松散含水层水位变化极小,根据模拟分析平均下降了 0.25 m。

从表 6-5 可以看出,井田采掘后冒裂带高度发育至最大值,水均衡总量稍有增加。较之井田未采掘(工况 1),侧向补给增加了 1 051 m^3/d,再由于水位下降,区内蒸发排泄和侧向排泄均小幅减少,分别减少约 993 m^3/d 和 1 064 m^3/d。另外,松散层向采掘空间的渗漏量为 2 040 m^3/d。该排泄项为松散层向下伏基岩含水层的越流补给量,从矿井涌水的角度分析,该量可以理解为松散层向采掘空间的渗漏量,即松散层水资源的损失量,渗漏的损失量在总排泄量的占比小于 1%。

表 6-5　　工况 2 地下水均衡分析表

源汇项/($\times10^4$ m^3/d)			百分比/%	合计/($\times10^4$ m^3/d)
源项	降雨补给量	36.93	93.23	39.61
	侧向补给量	2.68	6.77	
汇项	水源地取水量	10	25.24	39.41
	蒸发排泄量	21.77	54.95	
	侧向排泄量	7.64	19.30	
	越流渗漏量	0.2	0.51	

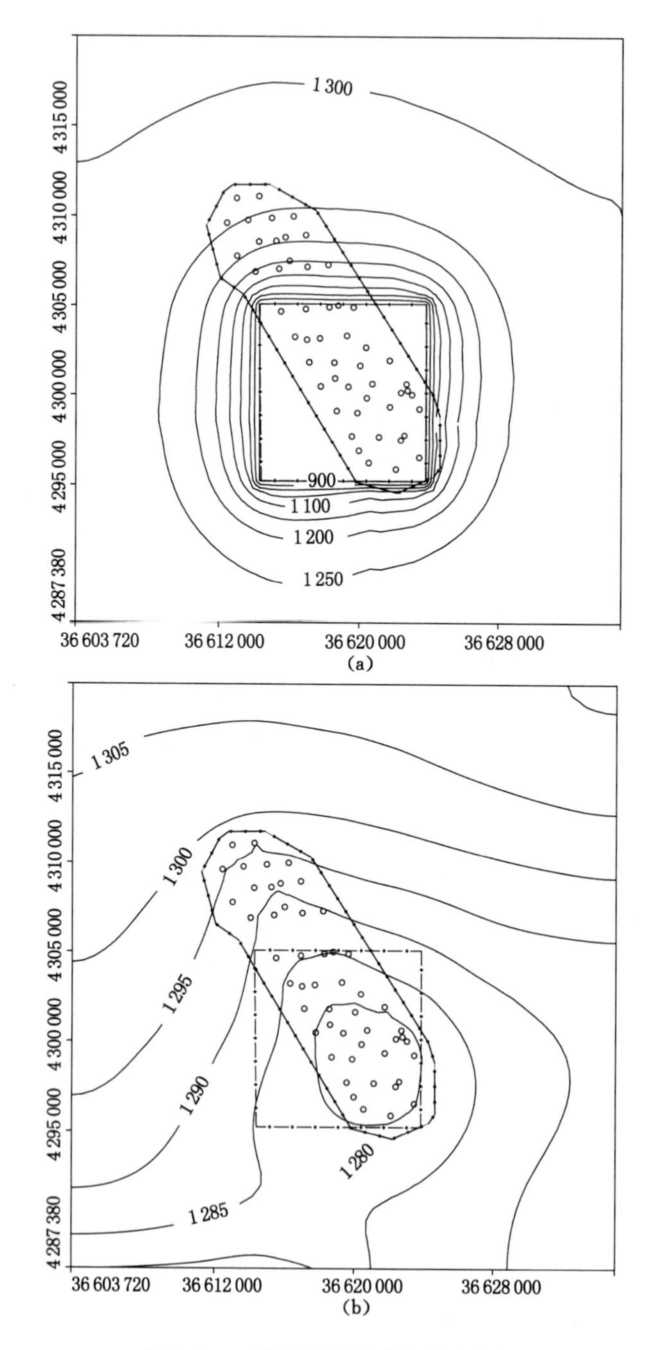

图 6-10　工况 2 地下水流场分布特征

(a) 基岩层水位等值线图;(b) 松散层水位等值线图

综合以上几种工况的模拟预测可以发现，孔隙含水层流场受水源地取水影响较大，由于水源地大规模的取水使模拟区孔隙含水层水位平均下降了 5.4 m。而当冒裂带高度不发育至白垩系地层层位，导水裂缝带形成的导水通道对砂岩含水层流场影响较大，形成明显的降落漏斗，但对孔隙含水层流场影响极小，其流场基本无变化，最大水位附加降深约为 0.25 m(工况 2)，松散层水资源的损失量约为 2 040 m^3/d。

6.3.3 采煤对地下水扰动程度评价

通过模拟预测不同工况下孔隙含水层的水位情况，如表 6-6 所列。

表 6-6 水位变化程度统计表

工况	冒裂带高度/m	水位降幅/m	附加水位降幅/m
未取水	0.00	0.00	0.00
水源地取水	0.00	5.40	0.00
煤层开采	146.50	5.65	0.25

从图 6-11 可以看出，但仅水源地取水时的孔隙含水层水位降低较为明显(工况 1)，水位平均下降了 5.4 m，而采掘扰动对松散层地下水位影响小。

煤层开采时(工况 2：冒裂带高度为 146.5 m)，导水裂缝带发育至直罗组相对隔水层的中部，孔隙含水层水位降低了 0.25 m(附加水位)，孔隙含水层平均厚度约为 120 m，水位降低幅度仅为 0.19%。

依据前章中提出的地下水环境扰动程度指标，并根据文献资料，以埋深 5 m为本区的生态水位埋深，绘制生态扰动指标 E_{He}(指标 1)等值线图，如图 6-11(a)所示。其中 E_{He}生态扰动指标大于 1 为生态环境影响区；以松散含水层均厚 120 m 为标准，绘制含水层扰动指标 E_{Ha}(指标 2)等值线图，如图 6-11(b)所示，E_{Ha}最大值仅为 0.07(等于 1 时含水层被疏干)，说明含水层受影响较小。

通过对水均衡预测分析(图 6-12)，地下水补给稳定，大气降水补给量稳定，侧向补给增加，增加量约为 800 m^3/d[图 6-12(a)]，水均衡总体稍有增加。

由于水源地的大量取水，水位下降后导致潜水蒸发量大幅减少。从图 6-12(b)可以看出，水源地取水量主要是袭夺了潜水蒸发量的减量，煤层开采使松散层越流补给量(即为松散层地下水的损失量)增大了 2 040 m^3/d。经计算，采掘扰动水均衡扰动指标 E_{Q}(指标 3)值为 2.8%，亦说明采掘扰动对松散层地下水影响极小。

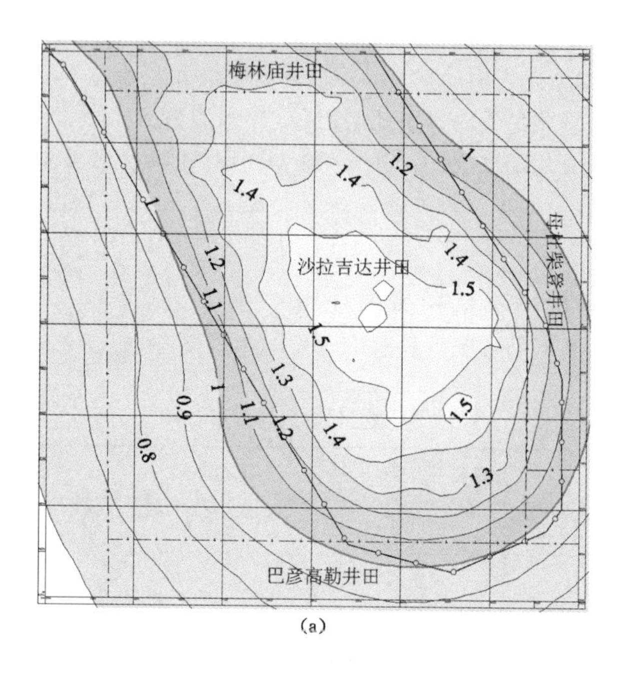

(a)

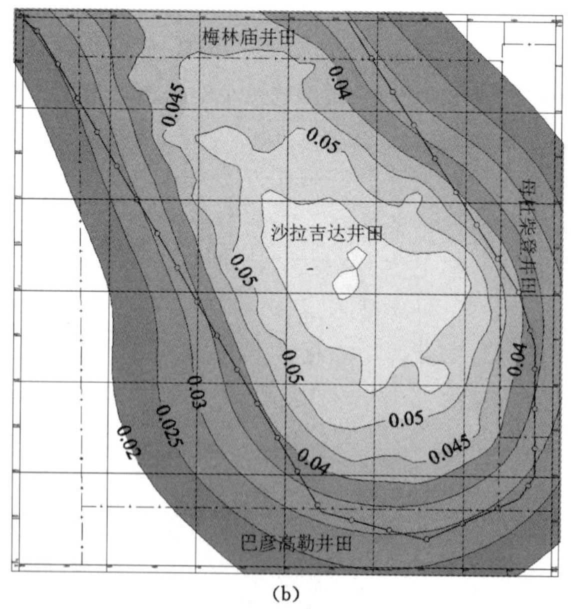

(b)

图 6-11　松散含水层水位扰动程度评价

(a) 生态水位扰动 E_{He} 指标；(b) 含水层扰动程度 E_{Ha} 指标

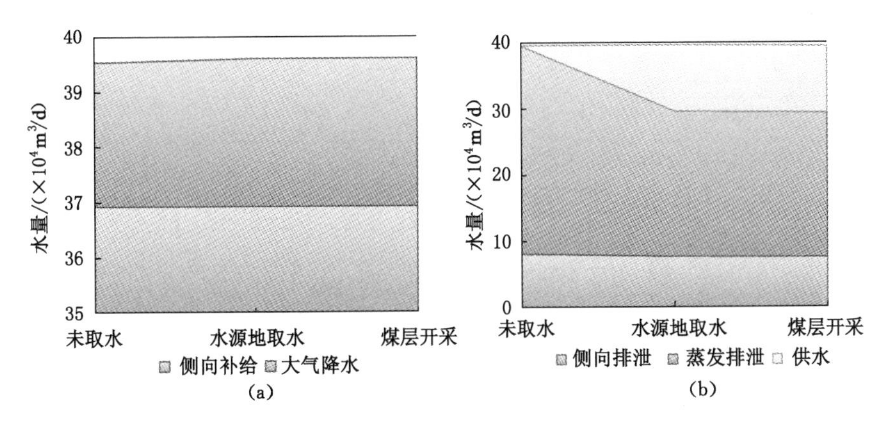

图 6-12 水均衡变化示意图

(a) 补给项;(b) 排泄量

6.4 小 结

(1) 深埋富水孔隙-裂隙复合型井田(沙拉吉达井田),导水裂缝带形成的导水通道对基岩裂隙含水层流场影响较大(延安组砂岩地下水),形成明显的降落漏斗;导水裂缝带不能沟通近地表松散孔隙含水层,对孔隙含水层流场影响极小,其流场基本无变化,最大水位附加降深约为 0.25 m,松散层水资源的损失量约为2 040 m^3/d。

(2) 其中生态扰动指标 E_{He}(指标 1)在井田范围内基本大于 1,表明局部地段为生态环境影响区;含水层扰动指标 E_{Ha}(指标 2)最大值仅为 0.07,水均衡扰动指标 E_Q(指标 3)值为 2.8%,说明煤层开采对地下水水动力系统影响极小。

7 浅埋煤层区松散孔隙型地下水环境系统扰动定量评价

本章以研究区补连塔井田为研究对象，采用前章总结的地下水环境扰动数值仿真评价模型建模思路，重点针对研究区浅埋型地下水环境系统受采煤扰动程度进行了定量评价研究。

7.1 地下水系统基础模型构建

7.1.1 生产与地质概况

补连塔井田位于蒙陕神东矿区，内蒙古自治区鄂尔多斯市乌兰木伦镇，行政隶属乌兰木伦镇管辖，井田位于乌兰木伦河一级阶地的西缘；南与上湾井田连接，西与呼和乌素及尔林兔毗邻，北与李家塔矿接壤。井田面积 106.43 km^2。补连塔煤矿 1987 年开工建设，1997 年投产，原设计生产能力 60 万 t/a，先后经过 2 次改扩建以后，现生产能力为 2 000 万 t/a。

现实际产量为 2 500 万 t/a，剩余设计服务年限 53.8 a。采用平硐加斜井开拓方式，长壁式综合机械化采煤工艺，全部跨落法管理顶板。矿井目前开采 1^{-2} 煤、2^{-2} 煤，涉及三个采区，该区域煤层埋藏较浅，地表大多被第四系松散层覆盖，松散层厚度在 5～25 m，上覆基岩厚度在 180～240 m 之间。根据勘探情况，1^{-2} 煤属稳定煤层。在北部边界分叉，西部煤层较厚且稳定，煤厚在4.29～6.8 m 之间；北部边界区域煤层较薄，在 3.09～3.8 m 之间，B106 孔仅为1.82 m。其他区域煤厚均在 4.5 m，全区 1^{-2} 煤平均采厚 4.6 m。2^{-2} 煤层位于延安组中岩段的顶部，是该区的主要可采煤层之一，全区发育，结构简单，仅在底部含有 1～2 层夹矸，煤厚 5.91～7.89 m，平均厚 6.75 m。1^{-2} 煤与 2^{-2} 煤层之间，该段厚度 29.8～47.68 m，一般间距 40.55 m。

7.1.2 地质与水文地质背景

井田南北长为 8 km 左右，东西宽为 14 km 左右，面积为 106.43 km^2，批准开采深度高程＋1 124～＋1 055 m。矿区内地表典型的为第四系风积沙等松散层所覆盖。地形相对较平缓，呈西高东低之势，井田内地表标高一般在

＋1 130～＋1 260 m。其构造轮廓为一平缓的单斜构造，地貌特征属于鄂尔多斯高原毛乌素沙漠的东南缘，多为丘陵地区，无明显的山地，地势相对平坦，基本呈西北高、东南低之势，区内沟壑纵横，如图 7-1 所示。

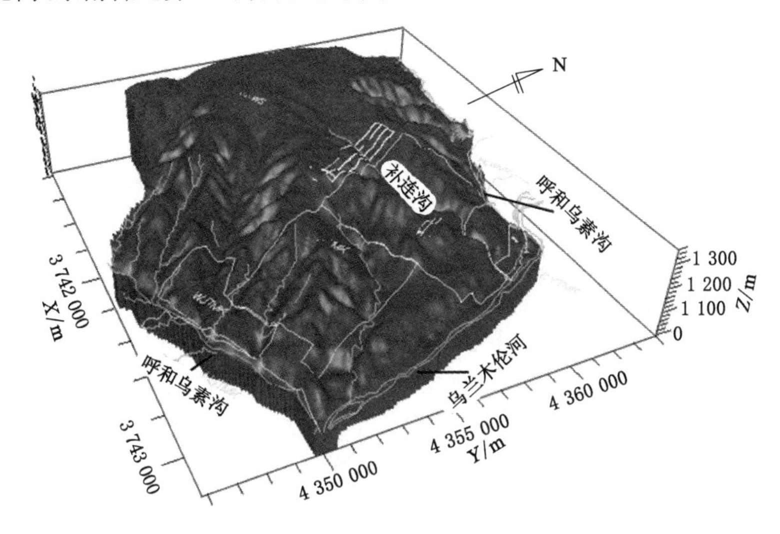

图 7-1　井田地形地貌示意图

研究区内地下水的赋存和分布主要受气候、地貌、地层、地质构造及地表水系等因素控制。矿井位于半干旱气候区，降水少，蒸发量大，地下水主要来源于大气降水的渗入，因此区内地下水总体上比较贫乏。矿井内地形总体上呈西北高、东南低之势，松散层类孔隙水以潜水形式在全区广泛分布，但其厚度富水性变化较大，其含水层主要分布在乌兰木伦河谷，其次是补连沟泉域，主要为第四系全新统风积层潜水含水层和第四系全新统冲积层潜水含水层。碎屑岩类孔隙～裂隙水全区广泛分布，含水岩性以粗、中细砂岩为主，隔水层岩性以泥岩、砂质泥岩、煤组成。

煤层埋藏较浅，地表大多被第四系松散层覆盖，松散层厚度 0～30 m，上覆基岩厚度一般小于 150 m。采用平硐加斜井开拓方式，长壁式综合机械化采煤工艺，全部垮落法管理顶板。矿区内地表典型的为第四系风积沙等松散层所覆盖。如图 7-1 所示，矿井内地表水体主要是补连沟，乌兰木伦河是区内所有地表水的排泄区，松散层类孔隙水以潜水形式在全区广泛分布，主要接受大气降水的渗入补给，在沟谷地下水出露于地表，形成常年或季节性的地表水体（补连沟、活鸡兔沟等）。

7.1.3　地下水系统模型构建

本次在水文地质单元内以补连塔井田为主要模拟区域，由于补连塔煤矿主采 1^{-2}煤、2^{-2}煤两个煤层，导水裂缝带与地面沉陷以两煤层共同作用的定量研究成果为准，本模型建模底板为 1^{-2} 煤层。重点模拟层位为第四系孔隙含水层、白垩系志丹群裂隙-孔隙含水层及 1^{-2} 煤层顶板的延安组砂岩裂隙含水层。

通过充分收集井田各时期施工的地质钻孔信息，模型在垂向上按照含水层岩性的变化剖分为五个单元层。如图 7-2 和图 7-3 所示，第一层：将风积沙、萨拉乌苏组、志丹群概化成孔隙潜水含水层组，为本次主要模拟计算层位；第二层：为离石、保德组相对隔水层；第三层：直罗组相对含水层；第四层：延安组砂岩裂隙承压水层；第五层：1^{-2} 煤层，并通过绘制各层位标高等值线图并导入模型分层，以此统计绘制各地质地层标高信息导入模型，构建模拟区的三维地质模型。

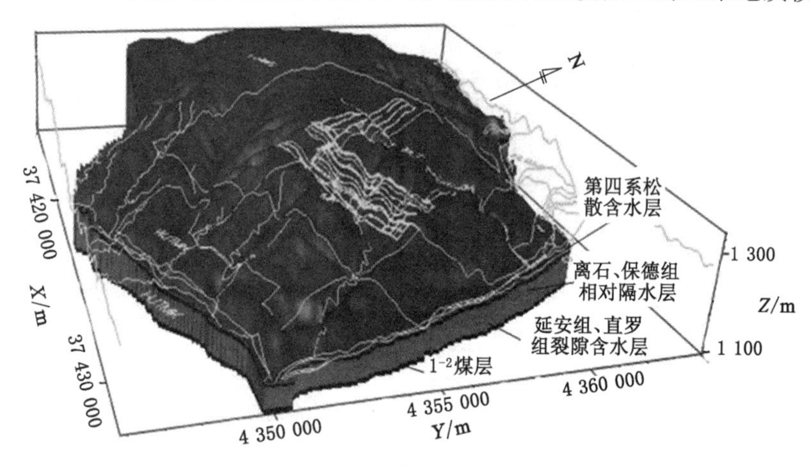

图 7-2　模拟区概念模型（$X:Z=1:10$）

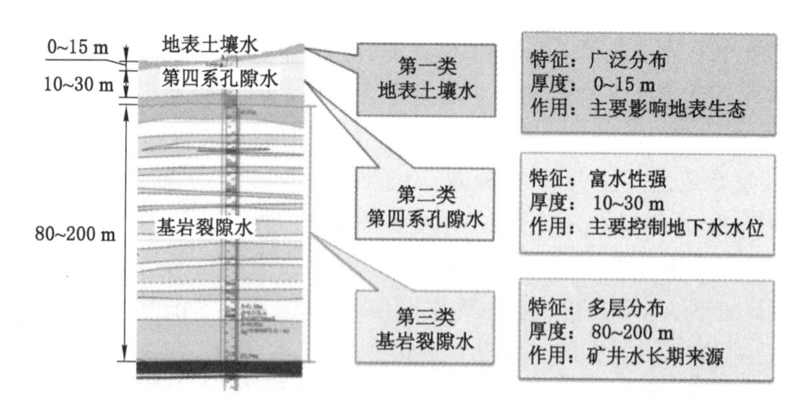

图 7-3　含隔水层柱状示意图

研究区水文地质单元较为完整，分别以乌兰木伦河、呼和乌苏沟、活鸡兔沟为模型的一类水头边界，下以 2^{-2} 煤层底板模型下边界，顶部接受大气降水的补给，以地表为上边界。初始水头的分布是地下水数值模拟不可缺少的条件。根据对补连塔煤矿井田内松散含水层水位长观孔水位的整理[图 7-4(a)],绘制出了井田所在水文地质单元地下水水位等值线图,直接导入模型,作为模型初始水位。

7.1.4　模型校正与天然条件下地下水流场定量分析

(1) 模型校正

通过调整孔隙含水层渗透系数与重力给水度等参数使稳定流计算流场与实测天然流场基本一致,以达到对模型的校正。从图 7-4(a)、(b)可以看出,实测水位与计算水位趋势一致,流场宏观效果拟合较好,模型识别优化的水文地质参数、参数分区与水文地质条件基本相符,对于研究区内孔隙含水层水文地质条件简单条件来讲,较好地反映了区内地下水流的流场特征,模型整体可靠度较高。

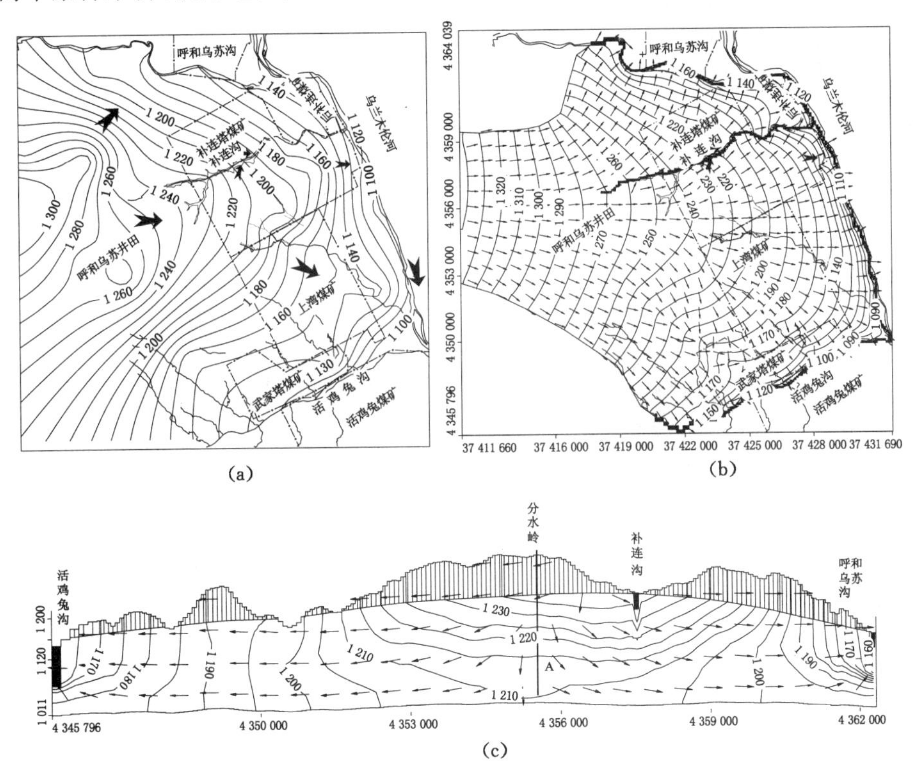

图 7-4　补连塔井田实测与计算地下水流场(单位:m)

(a) 实测水位;(b) 计算水位(平面);(c) 计算水位(垂向)

(2) 地下水水位

从图 7-4(b)分析可知,煤层未开采前,从地下水流向可以看出,地下水主体流向为由东至西,水力梯度约为 1.3%,表现出大气降水和地下水补给地表水的

“三水”转化特征，乌兰木伦河为井田的地下水排泄点。如图 7-4(c)所示，局部由于地形控制，以地表分水岭(A)为界限地下水分别向两侧的补连沟、呼和乌素沟和活鸡兔沟等地表水体排泄。

(3) 地下水水均衡

根据表 7-1 及图 7-5 分析，可得出未采掘前井田地下水补、径、排特征：

表 7-1　天然条件下补连塔井田松散含水层地下水均衡表

源汇项/(×10⁴ m³/d)			占比/%	合计/(×10⁴ m³/d)
源项	降雨补给量	6.71	71.69	9.36
	河流补给量	0.70	7.46	
	侧向补给量	1.95	20.85	
汇项	蒸发排泄量	3.07	32.82	9.36
	向河流排泄量	6.29	67.18	
	侧向排泄量	0	0.00	

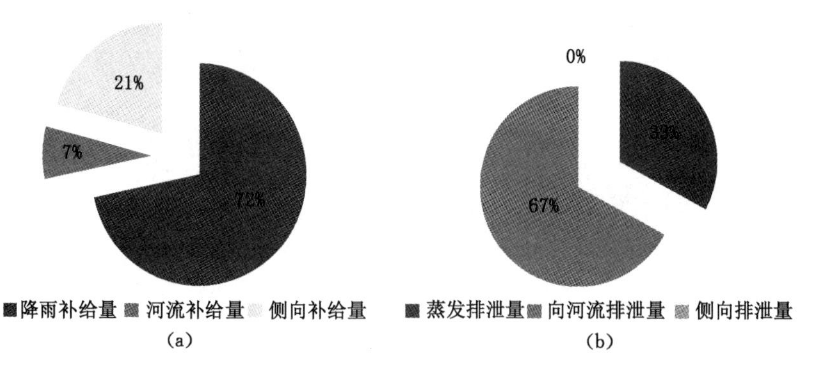

图 7-5　补连塔井田采前地下水均衡分析示意图

(a) 补连塔井田地下水补给；(b) 补连塔井田地下水排泄

① 地下水补给特征：大气降水是井田地下水补给的主要来源，占到 72%左右，侧向补给次之，约占 21%，河流(地表水体)仅在局部地段补给地下水存在补给，补给量仅占 7.5%。

② 地下水排泄特征：地下水向河流等地表水体的排泄是主要排泄形式，排泄量占比 67%，蒸发排泄次之，约为 33%，由于模拟区水文地质单元较为完整，地下水向区外侧向排泄量为 0。

从以上模拟分析可知，在未采掘前，大气降水是井田地下水补给的主要来源，补、排地表水是地下水的主要排泄形式。

7.2 评价模型构建

7.2.1 导水裂缝带数值化处理

全区上层煤 1^{-2}煤平均采厚 4.6 m，下层煤 2^{-2}煤层厚 5.91～7.89 m，平均厚 6.75 m。1^{-2}煤与 2^{-2}煤之间，该段厚度 29.8～47.68 m，一般间距40.55 m。

根据《煤矿防治水手册》中关于“近距离煤层垮落带和导水裂缝带高度计算”：

(1) 上、下两层煤最小垂距 h 大于回采下层煤的垮落带高度 H_{xm} 时，上、下层煤的导水裂缝带最大高度可按上、下层煤的厚度分别选用公式计算，取其中标高最高者作为两层煤的导水裂缝带最大高度。

(2) 下层煤的垮落带接触到或完全进入上层煤范围时，上层煤的导水裂缝带最大高度采用本层煤的开采厚度计算，下层煤的导水裂缝带最大高度则应采用上下层煤的综合开采厚度计算，取其中标高最高者为两层煤的导水裂缝带最大高度。上、下层煤的综合开采厚度可按以下公式计算：

$$M_{z1} = M_2 + \left(M_1 - \frac{h_{1-2}}{y_2}\right) \tag{7-1}$$

式中 M_1——上层煤的开采厚度(取 1^{-2}煤层平均采厚 4.6 m)；

M_2——下层煤的开采厚度(取 2^{-2}煤层平均采厚 6.75 m)；

h_{1-2}——上、下层煤之间的法线距离(取 29.8 m)；

y_2——下层煤的冒高与采厚比(取 7.57)。

经计算，井田综合开采厚度 M_{z1}=7.41 m。

(3) 上、下层煤之间距离很小时，则综合开采厚度为累计厚度。

本次采用《煤矿防治水手册》中垮落带与导水裂缝带最大高度的推荐公式以及行业内经验公式进行计算。根据煤层顶板岩性组合、工程地质特征及顶板管理办法，本次选取中、硬岩层，缓倾角煤层经验公式(计算结果见表 7-2)。

通过以上理论分析与计算，2^{-2}煤垮落带已基本接触到 1^{-2}煤的采掘空间，根据《煤矿防治水手册》推荐的理论公式计算，2^{-2}煤导水裂缝带应取综合采厚，对比上下两层煤的导水裂缝带的标高(2^{-2}煤导水裂缝带标高高于 1^{-2}煤导水裂缝带标高)，应取 2^{-2}煤的计算值为井田导水裂缝带理论分析结果，即井田导水裂缝带理论计算结果为 2^{-2}煤顶板以上 158.2 m(即 1^{-2}煤顶板以上 113.05 m)。

综上所述，补连塔井田采动覆岩为典型的“两带”破坏形式，导水裂缝直接沟通近地表的松散介质含水层，导致松散层孔隙地下水沿导水裂缝涌入井下，形成矿井水。位于冒裂带平面范围内含水层被疏干，因此在评价模型构建过程中无需对地面沉陷和弯曲带覆岩变化规律进行分析研究。

表 7-2　补连塔井田 1^{-2} 煤与 2^{-2} 煤顶板垮落带与导水裂缝带高度计算值

项目	采用规程	计算公式	公式来源	1^{-2} 煤计算结果/m	2^{-2} 煤计算结果/m	2^{-2} 煤综合采厚/m
垮落带	《煤矿防治水手册》	$H_c = \frac{100M}{0.49M + 19.12} \pm 4.71$	中国矿业大学(北京)	26.23	34.80	—
导水裂缝带		$H_f = \frac{100M}{0.26M + 6.88} \pm 11.49$		68.45	89.66	95.60
		$H_f = 20 \times M + 10$	中煤科工集团唐山研究院	102	145	158.2

注：H_c 为最大垮落带高度；H_f 为最大导水裂缝带高度(包括垮落带最大高度)；M 为累计采厚(取 1^{-2} 煤平均采厚 4.6 m；2^{-2} 煤平均采厚 6.75 m；2^{-2} 煤综合采厚 7.41 m)；"±4.71"为修正系数，该系数使用与岩层坚硬程度有关，中硬以上取加号，本次取加号。

松散层孔隙地下水水位下降至采掘煤层底板，因此定义导水裂缝接触带为模型的"内边界"，概化为含水层地下水运动的一类水头边界条件，且水头边界水头值为该处煤层底板标高。

7.2.2　河流的模型化处理

井田内乌兰木伦河是经流井田东部边缘的最大地表水体，其次是井田内的补连沟。模拟中，预先给定补连沟为河流边界(一类水头边界)，随着采煤范围的拓展对地下水的影响逐步加大，通过计算模拟采掘扰动下松散含水层地下水位等值线和地下水流向分布特征，当井田内地下水向地表水体流动的特征发生逆转，即转化成地表水向地下渗流时，认为地下水与地表水体补排关系发生转变。由于未采掘前井田河流均接受大气降水和地下水补给，因而当模拟过程中出现补排关系逆转时即认为地表水体已干涸，需在模型中取消河流边界，以进一步校正模型。

7.3　地下水环境水动力系统扰动定量评价与分析

本次根据补连塔煤矿实际采掘历史，分年度模拟随着采掘范围扩大，井田地下水环境水动力系统的扰动与变化规律。

7.3.1　采掘扰动影响下地下水环境水动力系统模拟研究

7.3.1.1　地下水水位

补连塔井田于 2000 年左右正式开始规模化开采，图 7-6 是 2002 年采掘扰动下的流场特征，较之未采掘前流场未发生较明显的变化，说明松散含水层受采掘扰动影响小。

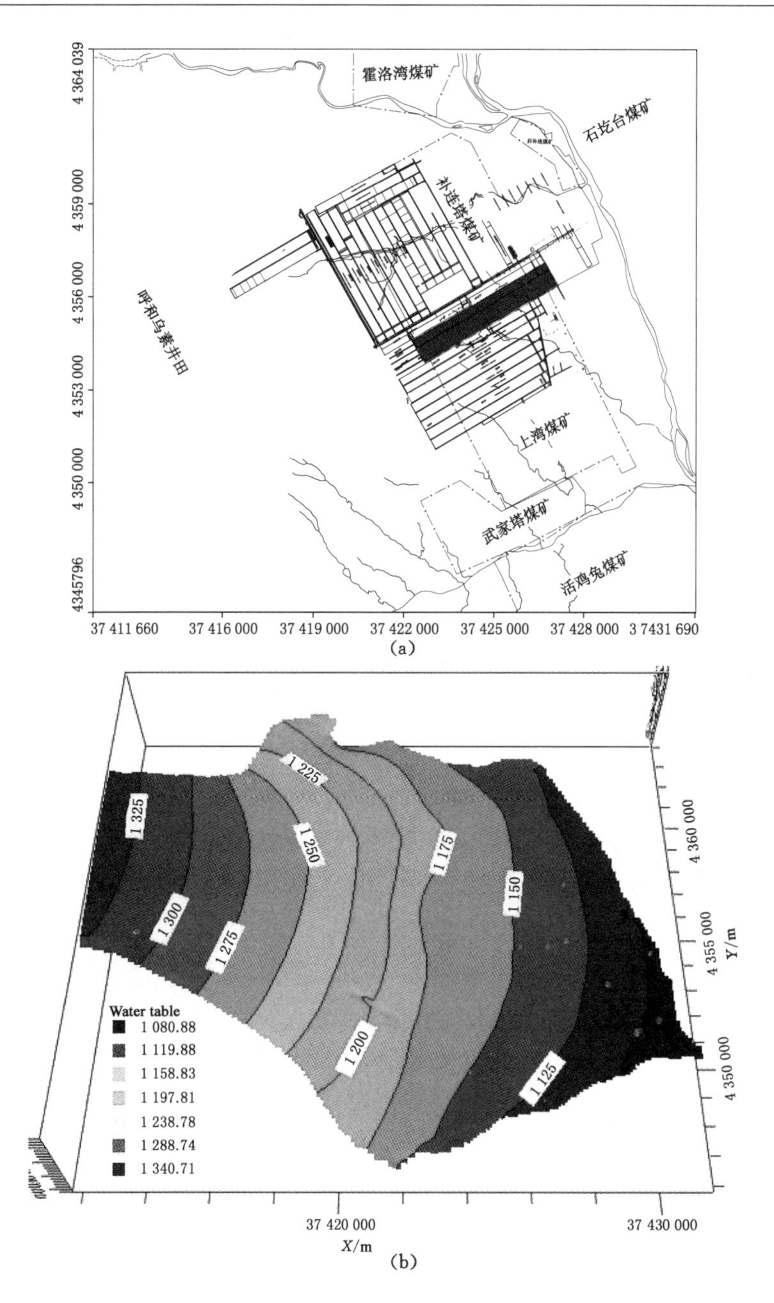

图 7-6　2002 年地下水流场特征

(a) 井田已采掘范围;(b) 松散含水层地下水流场

2006 年以后随着开采强度和采掘范围的加大,井田基本以 1^{-2} 煤回采完毕的三盘区为中心,形成较为明显的降落漏斗,中心水位下降了 50 m 左右。从图

7-7 分析可知，地下水水位降低的同时，区内在补连沟周边河流水位已高于含水层地下水水位，且地下水流向转变为河流向两侧流动[图 7-7(c)]，表现出河流补给地下水水力关系，使补排关系发生转变，即说明由于松散含水层水位降低，无法补给补连沟地表水体，导致补连沟地表水体被疏干。此时，取消模型中补连沟预给定的水头边界，重新进行模拟输出，如图 7-7(d)所示，模拟计算得出采掘扰动影响下地下水流场特征。

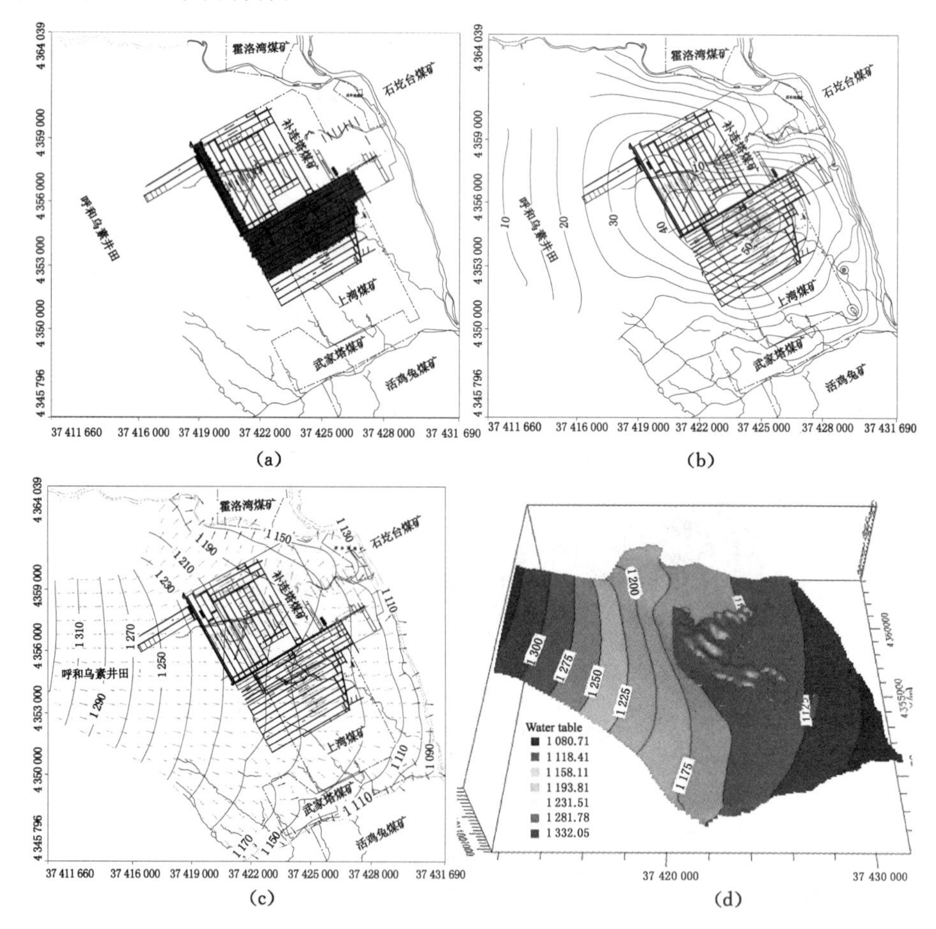

图 7-7　2006 年地下水流场特征

(a) 井田已采掘范围(黑色区域为已疏干地段)；(b) 松散含水层地下水流场(降深)；
(c) 松散含水层地下水流场(校正前)；(d) 校正后的松散含水层地下水流场

随着采掘范围进一步拓展，导水裂缝带沟通或揭露范围和地表沉陷范围扩大，对松散含水层地下水影响加剧，由于水位下降明显，松散含水层干涸范围增加。图 7-8 为 2012 年的地下水流场分布特征。

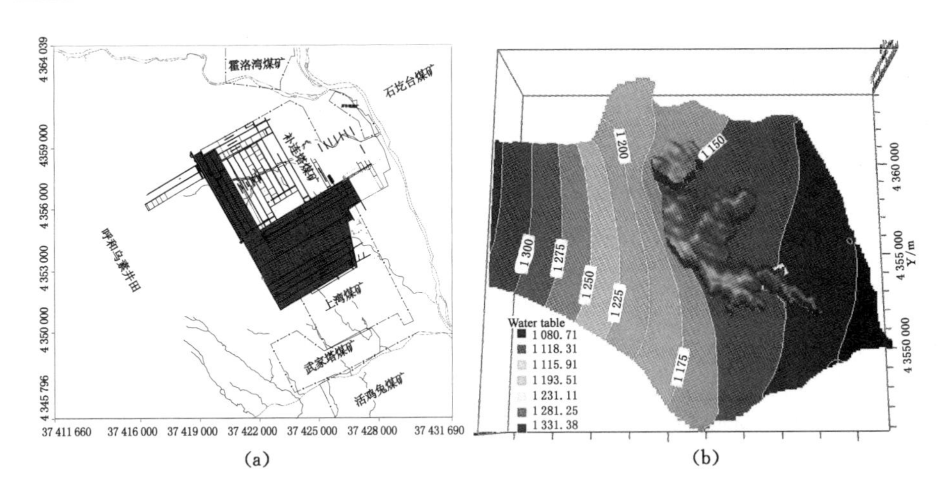

图 7-8 2012 年地下水流场特征

(a) 井田已采掘范围(黑色区域为已疏干地段);(b) 松散含水层地下水流场

7.3.1.2 地下水均衡影响研究

从水均衡模拟结果可以看出,随着井田采掘范围逐年增加,受采掘扰动(导水裂缝带、地面沉陷)范围扩大,向已采掘区段排泄的地下水水量急剧增大,由于井田松散含水层水位持续降低,潜水位埋深增大,导致潜水蒸发量减少。同时,由原来地下水补给河流补排关系在井田内转变为河流补给地下水趋势,井田内地下水向地表水体排泄量减少明显,直至河流干涸(补连沟);井田内孔隙含水层侧向补给量稍有增加(区外地下水系统的补给),由于井田内地表水与地下水补排关系的转变,河流补给量稍有增加。

由图 7-9 可知,随着采掘范围逐年增加,地下水水均衡量总体有所增加,较

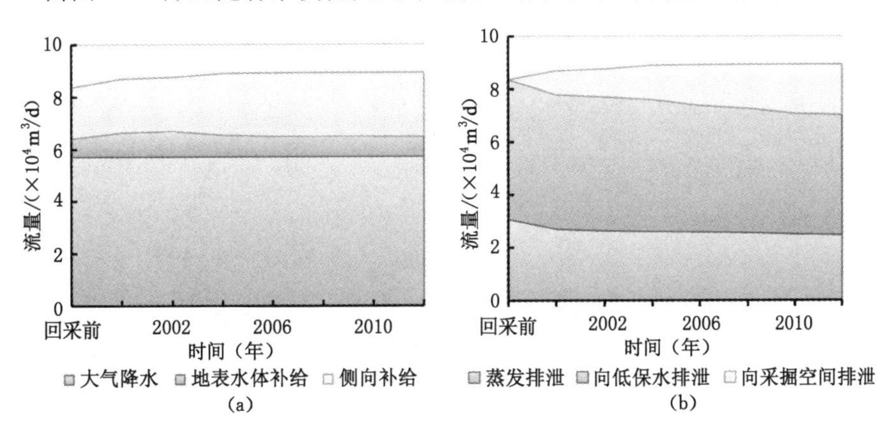

图 7-9 采掘过程中水均衡变化图

(a) 补给;(b) 排泄

之未采掘前，其补给增量主要来源是区外侧向补给增量，以及袭夺了河流排泄减量、潜水蒸发的减量。同时，含水层地下水的排泄量增加明显，较之未采掘前，其排泄增量主要是由于采掘引起地下水向采掘区段排泄。以2012年为例地下水向采掘区段的排泄量(即地下水的漏失量)约为$1.9\times10^4\ m^3/d$。

2012年补连塔井田四盘区的实测矿井正常排水量约为$0.852\times10^4\ m^3/d$(不含采空积水量)，由于矿井排水量不包括补给至采空区积水和井下复用等水量，其结果相对偏小。根据井田水文地质特征，通过大井法计算地下水向采掘区的侧向排泄量，其中松散含水层K取2.385 m/d，水头高度、水位降深均取含水层厚度值30 m，F取截至2012年已采掘的三四盘区面积约为$2.49\times10^7\ m^2$，计算可得松散含水层向采掘区的地下水排泄量为$4.4\times10^4\ m^3/d$。由于大井法为四面汇水条件，无限含水层，规则影响半径导致其计算结果明显偏大，因此数值评价模型计算结果($1.9\times10^4\ m^3/d$)能正确、定量地反映出采掘扰动引起地下水的损失量。

7.3.2 采煤对地下水扰动程度评价

依据第五章中提出的地下水环境扰动程度指标，并根据参考资料，以埋深5 m为本区的生态水位埋深，绘制生态扰动指标E_{He}(指标1)等值线图。

如图7-10(a)所示，生态扰动指标E_{He}(指标1)均大于1(灰色区域)，表明研究区为生态地下水环境破坏严重；通过绘制含水层扰动指标E_{Ha}(指标2)等值线

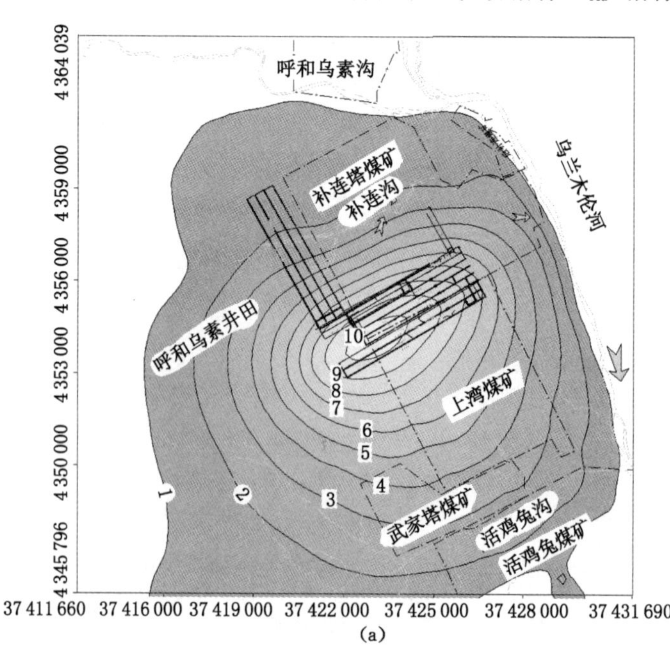

图7-10 松散含水层水位扰动程度评价

(a) 生态水位扰动指标(E_{He})

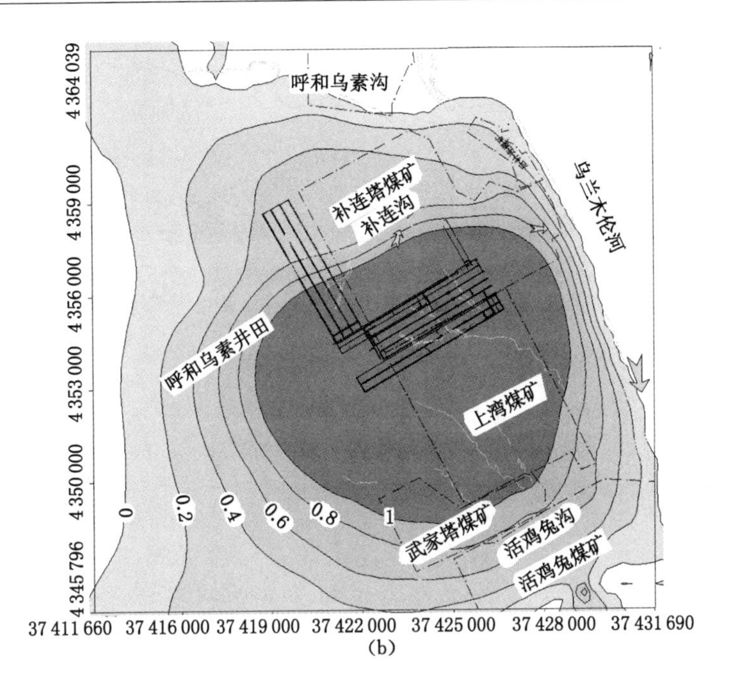

续图 7-10 松散含水层水位扰动程度评价

(b) 含水层扰动程度指标(E_{Ha})

图，如图 7-10(b)所示，补连塔井田范围内 E_{Ha} 大于 1，表明含水层被大范围疏干，地下水受影响极大。

经计算，以 2012 年为例地下水的漏失量约为 $1.9\times10^4\ m^3/d$，采掘扰动水均衡扰动指标 E_Q(指标 3)值随着采掘范围拓展逐年增大，2012 年达到了 23%，因而采煤对孔隙含水层水均衡影响大。

7.4 小结

(1) 浅埋富水松散孔隙型井田(补连塔井田)，采掘扰动形成的导水裂缝直接发育至地表，且随着采掘范围进一步拓展，导水裂缝带沟通或揭露范围和地表沉陷范围扩大，井田范围内地下水水位降深在 30 m 以上(2012 年)，采场顶部松散含水层被疏干，井田内地下水位下降，井田内地表水与地下水补排关系逆转，河流干涸(补连沟)，地下水资源损失量约为 $1.90\times10^4\ m^3/d$。

(2) 其中生态扰动指标 E_{He}(指标 1)和含水层扰动指标 E_{Ha}(指标 2)在井田内均大于 1，表明生态破坏严重，含水层被大范围疏干；水均衡扰动指标 E_Q(指标 3)值随着采掘范围拓展逐年增大，2012 年达到了 23%，因而采煤对水均衡影响较大。

8 浅埋煤层区黄土沟壑型地下水环境系统扰动定量评价

8.1 评价模型构建

大柳塔井田属生产矿井，位于晋陕蒙接壤区浅部的神东矿区。井田地处陕北黄土高原的北侧和毛乌素沙漠东南缘，乌兰木伦河中游东岸，地势南高北低，东侧和北侧支沟发育，北侧基岩裸露，一般海拔在+1 120～+1 280 m之间。地面高程相对高差最大216 m，区内大部属黄土沟壑地貌，沟壑纵横，切割强烈，井田内大的沟谷8条以上，如活朱太沟、蛮兔沟、三不拉沟等，沟谷两侧基岩裸露，属河流侵蚀地貌。地表水系则是由松散层沙层泉和(或)烧变岩泉排泄而形成，最终流入乌兰木伦河和悖牛川。地表水系以柠条梁为分水岭，东及东北部属于悖牛川流域，西部属于乌兰木伦河流域。两大流域内又有多个次一级分水岭，两大水系又由多个支沟形成的次水流域单元组成。井田边界是人为划定，井田含水层主要表现为第四系松散层含水层和中生界碎屑岩类裂隙含水层，由于受地形控制明显，含水层与周边矿井含水层基本无水力联系。井田主采1^{-2}煤层、2^{-2}煤层、5^{-2}煤层共3层，2004年核定的年生产能力为1 100万t。

本次重点模拟层位为第四系孔隙含水层、白垩系志丹群裂隙-孔隙含水层及3^{-1}煤层顶板的延安组砂岩裂隙含水层。通过充分收集水源地及井田各时期施工的地质钻孔信息，将研究区含水层结构进行了三维剖分分层，在垂向上对应于(自上而下)含水层岩性的变化把地表孔隙含水层、砂岩裂隙含水层与3^{-1}煤层之间垂向上共剖分了5个单元层、6个结点层。第一层：风积沙、萨拉乌苏组松散孔隙含水层，为本次主要模拟计算层位；第二层：白垩系孔隙-裂隙含水层；第三层：直罗组相对隔水层；第四层：延安组砂岩裂隙承压水层；第五层：3^{-1}煤层。根据收集整理、分析地质钻孔，研究区内地质层位稳定，倾角小，连续性好。通过绘制各层位标高等值线图并导入模型分层，构建模拟区的三维地质模型(图8-1)。

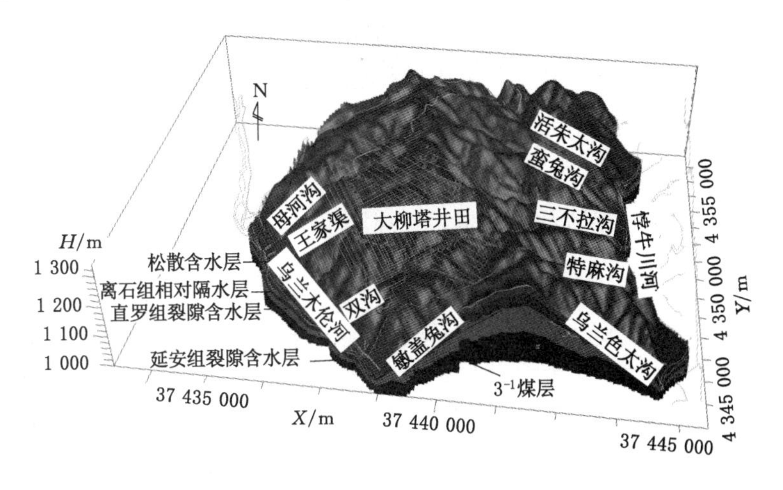

图 8-1 计算机模型

8.2 未采掘前地下水系统特征

8.2.1 地下水流场特征

如图 8-2 所示，为模拟输出的采掘扰动之前的松散含水层地下水流场特征。根据模拟结果：地下水主体流向为由东至西，乌兰木伦河为井田的地下水排泄

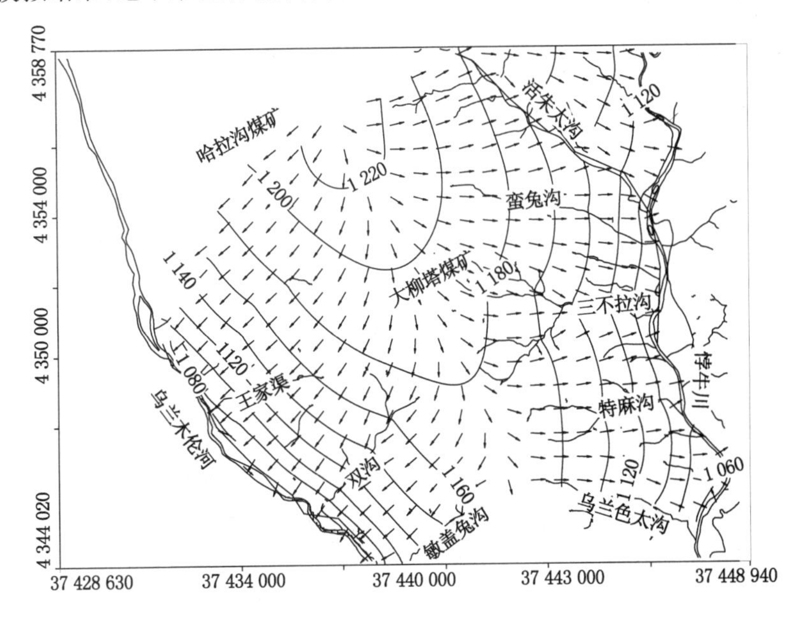

图 8-2 大柳塔井田计算地下水流场

点，从地下水流向可以看出，局部由于地形控制，因而在采掘前地下水表现出向补连沟、敖包沟、石灰沟、坝渠沟及乌兰木伦河等地表水体排泄的特征，因而地下水流向发生改变。

8.2.2 地下水水均衡

表 8-1 为经过稳定流计算模拟后补连塔井田天然条件下地下水均衡定量输出分析结果。

表 8-1　天然条件下补连塔井田松散含水层地下水均衡表

流量/($\times 10^4$ m^3/d)		百分比/%	合计/($\times 10^4$ m^3/d)
降雨补给量	3.86	85.40	4.52
河流补给量	0.44	9.73	
侧向补给量	0.22	4.87	
蒸发排泄量	1.82	40.27	4.52
向河流排泄量	2.65	58.63	
向下游排泄量	0.05	1.10	

从上表可以看出，未采掘前井田地下水补、径、排特征如下：

(1) 地下水补给：大气降水是井田地下水补给的主要来源(占到 85%左右)，河流补给次之(10%)，侧向补给占到 5%。

(2) 地下水排泄：向河流排泄为主要排泄方式(59%)，蒸发排泄次之(约为 40%)，由于模拟区水文地质单元较为完整，地下水向区外侧排泄量极少(1%)。

8.2.3 煤层开采对地下水流场影响研究

大柳塔井田采掘扰动形成的导水裂缝发育至地表，本次以 2000～2012 年矿井实际采掘范围为依据，以计算得出的未采掘前地下水流场为初始流场，将导水裂缝与含水层接触带数值化处理成排水边界，构建地下水系统扰动评价模型，通过非稳定流模拟分析采掘扰动下井田地下水系统变化特征。

随着采掘范围进一步拓展，导水裂缝带沟通或揭露范围和地表沉陷范围扩大，对含水层地下水影响加剧，由于水位下降明显，松散含水层干涸范围增加。图 8-3 为 2002～2012 年的地下水流场分布特征。

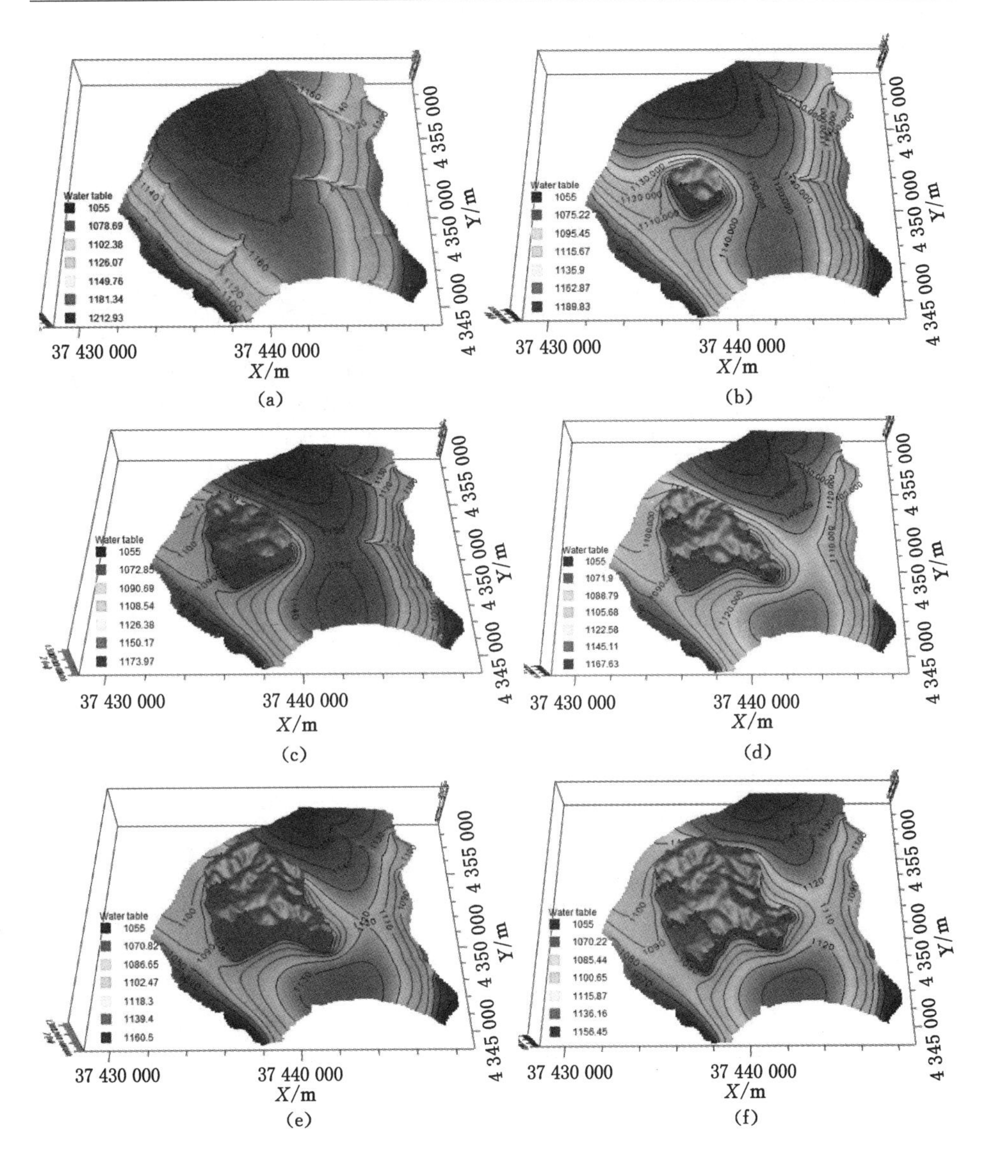

图 8-3 采掘扰动下大柳塔井田地下水水位

(a) 2002 年水位;(b) 2004 年水位;(c) 2006 年水位;(d) 2008 年水位;(e) 2010 年水位;(f) 2012 年水位

8.3 采煤对地下水均衡影响研究

从水均衡模拟结果可以看出,井田地下水量受降雨补给控制明显,随着井田采掘范围逐年增加，地下水接受河流补给量减少明显，由采前的 0.44×10^4 m^3/d 减少至 0.02×10^4 m^3/d，由于水力梯度加大，侧向补给量稍有增加，如图 8-4 所示。

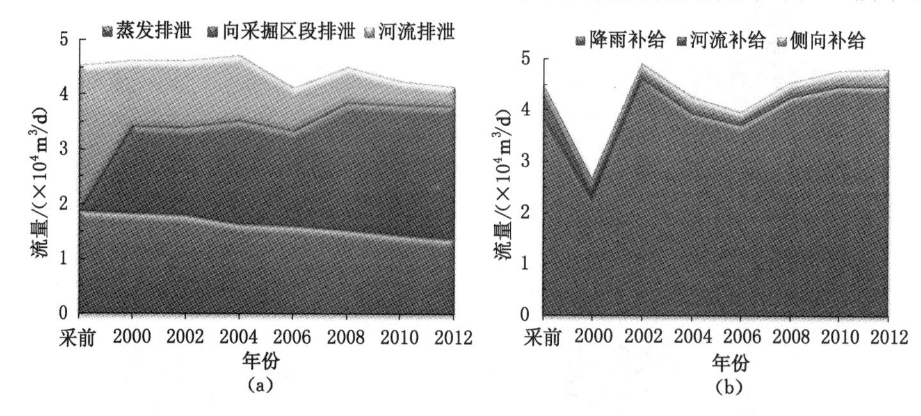

图 8-4　采掘过程中含水层补给总量历时曲线

(a) 排泄量变化；(b) 补给量变化

随着井田地下水位持续降低，潜水位埋深增大，导致潜水蒸发量减少；地下水向河流（乌兰木伦河与悖牛川）排泄量减少明显，由采前的 2.65×10^4 m^3/d 减少至 0.36×10^4 m^3/d；地下水向采掘区段排泄水量增大明显，2012 年含水层侧向排泄量达到 2.12×10^4 m^3/d（即地下水的漏失量），主要是袭夺了地下水的蒸发减量与向河流的排泄减量。

根据基于稳定流分析的“大井法”，其中松散含水层 K 取 2.38 m/d，水头高度、水位降深均取含水层厚度值 30 m，F 取截至 2012 年已采掘的盘区面积约为 3.04×10^7 m^2，计算可得含水层向采掘区的地下水排泄量（矿井涌水量）为 4.86×10^4 m^3/d。

如表 8-2 分析，以 2012 年为例，通过数值计算得出大柳塔井田地下水侧向排泄量（2.12×10^4 m^3/d）正确，定量地反映出采掘扰动引起地下水的损失量与矿井实际涌水量。

表 8-2　　采掘水量计算分析表

计算方法	水量/($\times10^4$ m^3/d)	说明
数值模拟	2.12	合理：地下水向采空区的转化量
矿井实测	1.32	偏小：实测矿井排水量不包括含灰层地下水流失至采空区积水和井下复用等水量，其结果相对偏小
大井法	4.86	偏大：大井法为四面汇水条件，无限含水层，均质，规则影响半径，其计算结果明显偏大

8.4 小　　结

浅埋煤层区黄土沟壑型井田(大柳塔煤矿),采掘扰动形成的导水裂缝直接发育至地表,且随着采掘范围进一步拓展,导水裂缝带沟通或揭露范围和地表沉陷范围扩大,水位下降明显,松散含水层干涸范围逐年增加,以 2012 年为例,井田范围内地下水水位降深在 50 m 以上,地下水资源流失量可达 2.12×10^4 m^3/d。

9 现代煤炭开采区控水采煤

研究区煤矿开采引起地下水环境系统不同形式、不同程度的扰动，为进一步减少煤矿开采对地下水环境系统的扰动程度，本章以西部干旱区煤炭高效开采与水资源保护为指导思想，从煤炭资源的科学开采、矿井水资源化和水资源科学管理三个方面对地下水环境控制性采煤技术（以下简称控水采煤）进行了初步讨论。

9.1 煤炭资源科学开发技术

9.1.1 煤炭资源开采区域的科学规划

根据本次研究成果，研究区煤层开采地质与水文地质条件有较大的差异，不同地下水环境系统类型的井田受煤炭开采扰动程度不同，因此可对现代开采区进行“控水采煤”分区，归纳起来主要可以分为以下 3 类。

（1）第Ⅰ类地区为浅埋煤层黄土裂隙型：采掘煤层埋深浅，一般小于 80 m，近地表没有第四系风积沙、萨拉乌苏组等松散类含水岩系，延安组含煤地层直接出露地表，或被风成黄土、红土层类覆盖，黄土层遇水湿陷变形，导致结构致密，孔隙性差，隔水性能较好。同时大气降水受地形控制易形成地表径流，导致该地层不含水或含水微弱，地下水一般不具资源价值，可以称为“贫水区”。该类型区域基本位于煤田东部，如神府矿区北部的大柳塔、柠条塔北翼等井田，称为煤炭资源正常开采区。

（2）第Ⅱ类地区为浅埋松散孔隙型：采掘煤层埋深一般小于 200 m，近地表的第四系风积沙层、萨拉乌苏组松散类岩层直接覆盖在延安组含煤地层之上，层间无稳定隔水层或隔水层厚度小，煤层的开采形成的扰动裂缝延伸至萨拉乌苏组含水层，松散层地下水沿采动裂缝渗漏至井下，形成矿井正常涌水，如神府矿区南部、榆神矿区北部的锦界、柠条塔南翼、红柳林、锦界等井田，该区是地下水资源漏失问题最为突出区，称为煤炭资源限制开采区。须采取切实可行控水采煤技术，使煤-水矛盾冲突降到最低。

（3）第Ⅲ类地区为深埋孔隙-裂隙复合型：主要采掘煤层埋藏深度一般大于 400 m，近地表第四系风积沙、萨拉乌苏组松散类含水岩系厚度大（大于 50 m），与延安组含煤地层之间稳定有红土、黄土隔水层，以及厚度极大的直罗组、安定组粉砂岩类等低渗透岩层，隔水岩层厚度大多在 200 m 以上，上覆基岩厚度在 300 m 以上，因此采动缝隙仅能波及延安组砂岩裂隙型含水层或发育至直罗组低渗透层内，与萨拉乌苏组含水层之间余留的保护层厚度仍在 100 m 以上，如榆神矿区深部、榆横矿区、呼吉尔特矿区、纳林河矿区等，因而萨拉乌苏组含水层地下水基本不能渗漏至井下采掘空间，是区域地下水扰动最小的地区。

但该区地下水一般埋深较浅(一般为 2～5 m)，富水性较好，该区近地表松散层水源地保护区规划较多，如红碱淖保护区、尔林滩水源地、巴下才当水源地、哈头才当水源地等均位于该区，虽采煤不能直接引起松散含水层地下水渗漏，但采煤形成的地面沉陷易破坏水源地取水井的结构，影响取水效果。另外，在沉陷区可能形成地面积水，因而松散含水层地下水由采前排泄能力较弱的潜水蒸发转变成排泄强度极高的水面蒸发，造成了地下水资源的流失。因而控制地面沉陷的减沉采煤工艺是实现地下水保护的主要方面，该区可称为煤炭资源减沉控制开采区。

9.1.2　煤炭资源的科学开采方式

(1) 长壁综合机械化一次采全高采煤法

在“控水开采”技术优化中，须保证采动覆岩能形成稳定的“三带”，且相对隔水层处于弯曲下沉带内，即不破坏松散含水层与基岩含水层之间隔水边界的完整性和稳定性，否则会造成地下水资源的直接漏失。

(2) 限高开采—倾斜分层长壁综合机械化采煤法

在“控水开采”中，一般在两种情况下应用倾斜分层长壁综合机械化采煤法。一种是开采煤层的厚度在 6 m 以上，不能采用大采高液压支架一次采全高时；另一种是煤层的上方覆盖层厚度不能保证处于弯曲下沉带隔水层的保持隔水稳定性时，必须采用限高开采。限高开采指由于受到隔水层层位的限制，通过采用分层开采方式限制一次开采高度，以保证裂隙带高度不能发展到隔水层的临界高度。如榆树湾煤矿煤层厚度 11 m，采用分层开采技术，首分层采高 5 m，实现了“控水开采”。

(3) 长壁综合机械化放顶煤采煤法

长壁综合机械化放顶煤采煤法是开采特厚煤层的一种采煤方法，该方法采出率低，覆岩破坏程度高，一次采全厚引起的地面沉陷大。因此根据现代开采区的水、煤、环的赋存特征，不具备实现控水开采的技术条件，应当限制放顶煤采煤技术的推广。

(4) 短壁综合机械化采煤法

短壁综合机械化采煤法的一次采动规模小，对隔水层稳定性的影响也比较小，是煤炭资源限制开采区实现“控水开采”的主要推荐方法。

(5) 条带采煤法和局部充填开采方法

条带采煤法是国内外“三下”保护性开采广泛应用的一种采煤方法，通过保留条带煤柱，控制地表的下沉，以保护建筑物、道路和水体等。由于该方法只采出煤层的一部分，不符合现代开采区煤炭资源高效开发的需求。因此该采煤方法建议在关键开采区域局部使用，如现代开采区内水源地保护区、地表构筑物下等，能最大限度地控制地表沉陷的形成。

综上所述，针对第Ⅱ类矿区（煤炭资源限制开采区）而言，实施控水开采的主要途径将是限高开采，以保障隔水层的完整性和稳定性；放顶煤开采方法应当受到限制，条带开采和局部充填开采只能作为特殊开采方法应用。针对第Ⅲ类矿区（煤炭资源减沉控制开采区），控制采煤形成的地面沉陷是保障煤-水协调开采的核心。一方面可以采取充填式采煤的方法，就是在工作面回采过程中，随时对采空区进行充填，减小地面沉陷范围与深度，使地下水不能出露于地表。另一方面可以采取分层开采的方法，减小地面沉陷深度，达到控制地下水资源蒸发流失的问题。

总的来说，采煤方式的优化须从采煤方法设计入手，采矿研究和水文地质研究互相结合，优化出最佳的顶板管理办法，其达到技术可行，经济合理。

9.2 矿井水资源化与利用技术

矿井水主要来源于地下水，煤矿开采过程中，地下水会与煤、岩层接触，发生一系列物理、化学和生化反应，其特性取决于成煤的地质环境和煤系地层的矿物化学成分。神东矿区煤层埋藏浅，侏罗系砂岩裂隙含水层富水性弱，矿井涌水水源主要为第四系松散层水，矿井水流经采煤工作面和巷道时，因受人为活动影响，会产生一定的污染。区内的矿井水作为一种资源无论从水质、水量都具有很大的开发利用潜力，区内的大柳塔矿、活鸡兔井、上湾矿、补连塔矿、哈拉沟矿、石圪台矿、乌兰木伦矿采空区积水总面积为 130.628 km^2，积水总量为 3.93×10^7 万 m^3。随着矿井开采规模的增大，采空区积水面积和积水量也呈增大的趋势。

现代开采区地处毛乌素沙漠与陕北黄土高原，降水稀少，水资源匮乏，随着区内生产和生活用水量的不断增加，水源供水日趋紧张，资源性缺水已成为制约矿区经济发展的“瓶颈”。而在煤炭开采过程中，大量矿井水被疏排，利用被直接疏排的矿井水，经过合理规划、原位或深度处理，使矿井水变成水资源一种形式，以供给矿区生产生活，即为矿井水资源化综合利用。从保障矿区水资源供给的角度来讲，矿井水资源化与综合利用亦是“控水采煤”思想主要体现。

9.2.1 矿井水净化循环利用理论方法

9.2.1.1 矿井水的性质分类

矿井水是伴随煤炭开采而产生的，主要由地表渗透水、岩溶水、矿坑水、地下含水层的疏放水以及生产、防尘用水等组成。由于矿井水的来源不同，根据矿井水含污染物的特性，一般可将其划分为洁净矿井水、含悬浮物矿井水、高矿化度矿井水、酸性矿井水、碱性矿井水及含特殊污染物矿井水[156]。

(1) 洁净矿井水

洁净矿井水是指基本上未受到污染的矿井水，其主要分布在我国的东北、华北等地。具有水质好，pH 值为中性，低矿化度，不含有毒、有害离子(或者其含量低于生活饮用水标准值)，低浊度，有时还含有多种有益微量元素。可在井下涌水水源附近拦截汇聚，然后通过专用的管道引至井底，再经水泵排至地表，不用处理(或稍作消毒处理)即可直接用于生活用水。

(2) 含悬浮物矿井水

对于此类水质，其主要污染物来自矿井水流经采掘工作面时带入的煤粒、煤粉、煤岩、岩粒、岩粉等悬浮物(SS)(含量一般在 100～400 mg/L，粒径 50 μm 以下的约占 85%，颗粒物的平均密度为 1.2～1.3 g/cm^3)，通常可采用混凝、沉淀、过滤及消毒杀菌处理工艺，其中处理的关键是去除矿井水中悬浮物和杀菌消毒。经处理后的矿井水，可作为生活饮用水及井上、下工业用水。

(3) 高矿化度矿井水

高矿化度矿井水是指水中含盐量大于 1 000 mg/L(我国煤矿中含量一般在 1 000～3 000 mg/L 之间，少量达 4 000 mg/L 以上)。水中的含盐量主要来源于 Ca^{2+}、Mg^{2+}、Na^{+}、SO_4^{2-}、Cl^{-}、HCO_3^{-} 等离子，水质多偏碱性，带苦涩味，其硬度往往较高。因为含盐量较高，处理工艺的关键工序是脱盐。

(4) 酸性矿井水、碱性矿井水

煤矿酸性水的 pH 值一般在 3.0～5.0 之间，含有大量的 Fe(Fe^{2+}、Fe^{3+})、SO_4^{2-}、Cl^{-}、HCO_3^{-} 等离子。酸性水对煤矿排水设备、钢轨及其他机电设备均具有很强的腐蚀性。腐蚀性不仅使机电频繁维修，造成人力和物力的浪费，而且更直接危害矿工的安全，长期接触酸性水可使手脚皮肤破裂、眼睛疼痒，同时严重影响了井下采煤生产。煤矿矿井水在受煤层及其围岩中 FeS_2 氧化作用的影响，大部分煤矿的矿井水呈酸性，但也有个别煤矿的矿井水 pH 值较高，呈碱性。

(5) 特殊污染物矿井水

是指诸如含重金属、放射性元素、氟化物等的矿井水，由于它们对环境的污染和对人体的健康危害性较大，且处理工艺较复杂，成本也较高，按常规方法处理后一般很难满足生活饮用水及工业用水的标准，通常只要求达标排放，仅作农业灌溉用。

9.2.1.2　*矿井水净化主要方法*

对于不同性质的矿井水，为使其资源化，可遵循“清污分流、分质处理、分级应用”的原则，采用不同的处理方式对其进行处理。

(1) 处理酸性和碱性矿井水一般采用中和法，并且由于酸性水水质一般比较复杂，若将其处理成生活用水，吨水处理成本必然相当高。所以，经过处理后一般会用于一些对水质要求较低的工业用水或处理达标后外排做其他用[157]。酸性矿井水处理方法主要是中和法。其处理的关键包括三个部分：将游离的H_2SO_4中和；驱赶溶解于矿井水中的CO_2；去除Fe、Al和金属硫酸盐，包括金属离子和硫酸根。处理的方法主要有石灰石中和法、石灰中和法以及石灰石-石灰联合中和法。处理碱性矿井水经常采用的方法是利用废酸或烟道气进行中和处理。经处理后的矿井水，可作为农业和工业用水或在达到国家饮用水卫生标准后作为饮用水[158]。蔡昌凤、罗亚楠等[159]利用微生物燃料电池处理高硫煤矿酸性矿井水，处理后矿井水SO_4^{2-}明显减少，酸性去除效果较好。

(2) 根据悬浮物的特性，对含悬浮物矿井水目前多用混凝沉淀法。常用的混凝剂为铝盐和铁盐混凝剂，原水加混凝剂后，经过混合作用，水中胶体杂质凝聚成较大的矾花颗粒，在沉淀池中去除。韩宝宝[160]研究了“旋流澄清＋过滤”工艺，发现其可以快速稳定的处理矿井水，使其达到工业回用标准。马国芳、程国斌[161]采用全向流分离工艺处理净化矿井水，该方法具有处理负荷高、出水浊度低等特点，出水水质可以达到生活饮用水卫生标准。

(3) 高矿化度矿井水中悬浮物一般有三个特点：悬浮物粒径差异大、密度小、沉降速度慢；悬浮物含量较不稳定；矿井水中的COD是由于煤屑中碳分子的有机还原性所致，将随着悬浮物的去除而消失，故不需要进行生化处理。大柳塔矿井与补连塔矿井水中矿化度分别为1 250.9 mg/L和1 690.2 mg/L，水中所含的Na^+、Ca^{2+}等碱金属离子已明显超标，属于典型的高矿化度矿井水。处理这种矿井水，必须采用以去除悬浮物为目的的净化处理技术和以脱盐为目的的深度处理技术，才可实现高矿化度矿井水资源的回用，解决煤矿生产和生活缺水的问题。根据出水的目的，处理分为两种：如果仅以外排为目的，一般选用混凝—沉淀(澄清)技术；如果处理后的水还需考虑回用，则选择混凝—沉淀(澄清)—过滤的技术，即矿井水混凝反应后，再进行沉淀，实现固液分离，去除大颗粒的悬浮物，而对细小的悬浮物再用过滤的方法去除[162]。高矿化度矿井水深度处理技术主要是以脱盐为目的，常用的处理技术有离子交换、蒸馏、电吸附、电渗析和反渗透等技术。离子交换是以离子交换剂上的可交换离子与液相中离子间发生交换为基础的分离方法，一般适合于含盐量小于500 mg/L的水质。目前离子交换主要用在锅炉软化水末端处理等方面，基本没有用在高矿化度矿井水处理的脱盐工艺过程中。蒸馏法是海水淡化工业中成熟的技术。从热源价格方面考虑，用蒸馏法处理含盐量在4 000 mg/L以下矿井水，是不经济的[163]。由于热源来源限制，蒸馏法很少应用于矿井水深度处理。电吸附除盐技术是利用通电电极表面带电的特性对水中离子进行静电吸附，从而实现水质净化的新技术，由于电吸附技术的脱盐率50％左右，设备庞杂，一般只适合原水含盐量小于 1 500 mg/L 的矿井水脱盐[164]。姜艳[165]利用表面改性后的天然膨润土处理高硫酸盐矿井水，处理后的矿井水中硫酸根离子浓度从 380 mg/L 降低到 210 mg/L，去除效果十分明显。李风山、杨磊等[166]采用电吸附工艺处理经“混凝—澄清”的矿井水，结果表明这种方法可以有效去除和降低矿井水中的无机盐、氯离子以及总碱度和硬度，产水指标能稳定达到电厂循环冷却水水质要求。电渗析和反渗透是国内矿井水深度处理最常用的处理工艺，由于电渗析不能去除水中的有机物和细菌，设备运行能耗大，使其在应用中受到限制，因而原有电渗析装置逐渐被反渗透装置所取代。工艺一般流程图如图 9-1 所示。

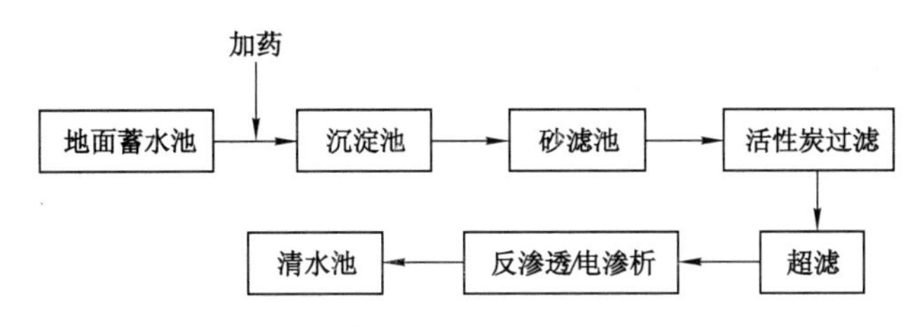

图 9-1　高矿化度矿井水处理工艺流程图

9.2.1.3　*矿井水水资源化利用模式与主要工艺*

我国煤炭以地下开采为主，为了确保井下安全生产，必须排出大量的矿井水，直接排放不仅浪费宝贵的水资源，而且也污染了环境。矿井水是一种宝贵的资源，实施矿井水资源和综合利用，对保护环境和节约水资源具有重要的意义，也是建设资源节约型、环境友好型社会的必然要求。然而根据统计调查，全国矿井水年排放量约为 42 亿 m^3，利用量约为 11 亿 m^3，矿井水利用量约为 26.2%[167]。矿区的缺水状况与矿井水的大量排放已经形成尖锐的矛盾，如何充分利用矿井水，将其回用至尽可能多的途径成为解决矿区水资源利用率低的关键所在。近年来随着我国经济的快速发展，水资源的需求越来越高，环境保护的力度也越来越大，矿井水的利用进入了一个较快的发展期，利用规模在迅速扩大，某些矿区矿井水的利用率已达 70%以上。同时矿井水利用技术水平也有较大提高，处理成本逐渐降低，促进了企业利用矿井水的积极性。

矿井水的资源化应遵循以下三条原则[168]：

(1) 节约为主，因地制宜。矿区用水首先应该以节约为主，合理提高水资源利用率。各矿矿井水排放量及水质状况差异较大，应结合实际情况，因地制宜地安排矿井水利用方向和利用量。

(2) 三效益统一。对于矿井水的资源化处理，应充分考虑到经济、环境以及社会效益的统一，使企业在赢利的同时减少对周边环境的不利影响。同时企业应该认识到矿井水水资源化处理后给其带来的社会效益，如社会声誉的提高和与周边居民关系的改善等。

(3) 就近原则。矿区生产用水对水质的要求较低,且可就地取水,输送简单,因此各矿均首先保证内部用水,剩余部分供其他方面使用。

对矿井水的资源化利用要以处理技术为前提,对矿井水井下分质处理,不同种类的矿井水运用不同的净化方法,使其达到回用的标准。同时必须建立起资源化利用系统,使矿井水的管道运输、处理、回用三者紧紧联系起来,成为体系,才能达到最大资源化利用率。目前在这方面国内尚缺乏矿区水资源综合规划、合理调配的机制、方法,缺少针对水资源不同调配方法下的水处理技术、方法。同时缺乏煤炭资源开采对水资源的影响规律与途径以及矿区水资源系统的快速评价体系、动态监测体系研究,同时水资源保护性开采工艺与关键技术研究较少。处理后的矿井水综合考虑我国技术经济现状,目前合适的矿井水资源化方向包括:井下消防用水;选煤厂洗煤补充水,黄泥灌浆用水;热电厂循环冷却水;绿化、道路及储煤厂防尘洒水;矸石山灭火用水;生活用水;农田灌溉用水和办公楼冷暖空调用水。其中利用矿井水实现办公楼冷暖空调水源热泵技术,是一项新兴的节能空调技术,可达到节约能耗、节约用水、减少对环境影响的效果。

关于矿井水的净化系统,传统方法是将井下排水输送至井下或地面专设的污水处理设施进行净化再利用至其他途径(图 9-2),此方法不涉及井下的处理,但是由于矿井水的水量往往很大并且具有不稳定性,这一方面增加了矿井排水系统的复杂性,另一方面对地面处理设施的压力也会变大,使得整体净化污水成本较高,因此必须研究一种既可以分担处理设施压力,又有良好处理效果的净化系统。

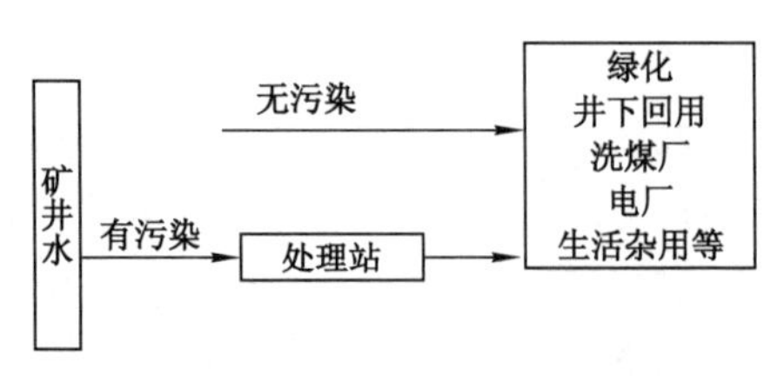

图 9-2 矿井水资源化利用途径

9.2.2 矿井水处理模拟实验

9.2.2.1 实验内容

(1) 利用混凝—沉淀—过滤—超滤—纳滤的工艺流程处理大柳塔矿井水和补连塔矿井水的水样。

(2) 选择聚合氯化铝(PAC)、聚丙烯酰胺(PAM)、聚合氯化铁(PFC)、聚合硫酸铝(PAS)以及聚合硫酸铁(PFS)作为混凝剂进行对比实验。考察各自不同单独投加量以及与 PAM 联用的投加量对处理后水样的浊度、COD 的影响,确定最佳絮凝剂与其最佳投加量。

(3) 利用超滤、纳滤处理混凝沉淀后的矿井水,分别测定混凝后、超滤后以及纳滤后的水质,分析是否有所改善并达到回用标准。

9.2.2.2 实验方法

(1) 确定最佳混凝剂和单独投加量

分别取一定量的5种混凝剂,配制成浓度为1 000 mg/L的溶液。取8份100 mL的待处理矿井水,向其中分别加入不同量的一种混凝剂,使投加量分别为5 mg/L、10 mg/L、15 mg/L、20 mg/L、25 mg/L、30 mg/L、35 mg/L、40 mg/L。先快速搅拌3 min,然后慢速搅拌5 min后放置40 min,之后取上清液测定COD和浊度。

(2) 确定最佳混合投加量

确定最佳的PAM投加量与另一种效果最好的混凝剂后,量取8份100 mL待处理矿井水,分别向烧杯中投加不同量的PAM和由(1)确定的最佳混凝剂种类(最佳混凝剂的投加量为其最佳投加量),混合混凝剂中PAM的投加量范围为0~PAM最佳投加量,之后快速搅拌3 min再慢速搅拌5 min,放置40 min后取其上清液测定COD和浊度。

(3) 完整工艺

取一定量原矿井水,加入实验得出的最佳混凝剂,投加量为前文得出的最佳投加量。快速搅拌3 min再慢速搅拌5 min使混凝充分进行。放置40 min后用石英砂过滤,测定过滤后出水水质。将过滤后的水利用超滤、纳滤处理,分别测定超滤后和纳滤后的出水水质。

(4) 实验流程图如图9-3所示。

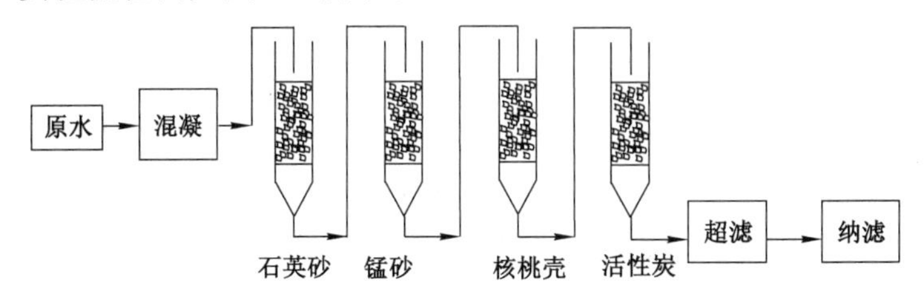

图9-3 矿井水处理实验流程图

9.2.2.3 分析方法

实验中COD的值根据快速消解分光光度法测定。原理为当试样中COD值为100~1 000 mg/L时,在(600±20) nm波长处测定重铬酸钾被还原产生的三价铬离子的吸光度,试样中COD值与三价铬的吸光度的增加值成正比例关系,将三价铬的吸光度换算成试样的COD值。

当试样中COD值为15~250 mg/L,在(440±20) nm波长处测定重铬酸钾未被还原六价铬和被还原产生的三价铬的两种铬离子的总吸光度;试样中COD

值与六价铬的吸光度减少值成正比例，与三价铬的吸光度增加值成正比例，与总吸光度减少值成正比，将总吸光度值换算成试样的 COD 值。实验测定的 COD 标准曲线如图 9-4 所示。

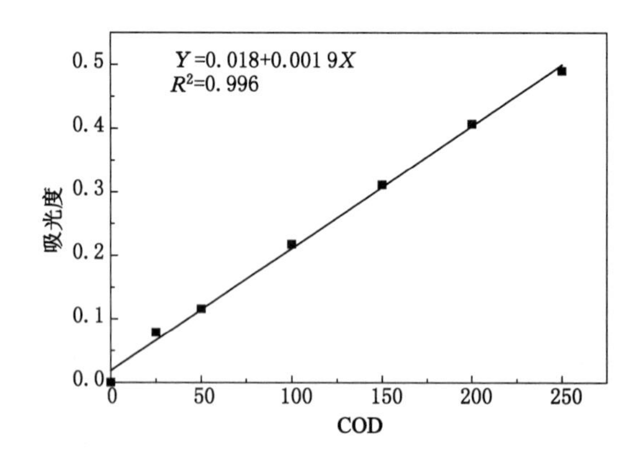

图 9-4　COD 标准曲线

实验中浊度由浊度仪直接测定。石油类含量、碱金属离子含量、总硬度以及总碱度分别由专业分析测试单位测定。

9.2.2.4　实验结果与讨论

（1）最佳混凝剂与投加量

实验中 5 种混凝剂的投加量范围定为 5 mg/L、10 mg/L、15 mg/L、20 mg/L、25 mg/L、30 mg/L、35 mg/L 和 40 mg/L，PAM 的投加量为 0.5 mg/L、1 mg/L、2 mg/L、3 mg/L 和 4 mg/L。图 9-5 和图 9-6 分别为不同混凝剂、不同投加量对处理补连塔矿井水的浊度与 COD 效果；图 9-7 至图 9-10 分别为补连塔矿井水在不同混凝剂、不同投加量下的处理效果图。表 9-1 为出水的浊度与 COD 数据，可以看出在 4 种混凝剂中，PAC 与 PFS 的处理效果较好，两种混凝剂分别在 20 mg/L 与 40 mg/L 投加量下获得的效果最好，因此分别选择这两种混凝剂与 PAM 联用，分析最佳的联用投加量。表 9-2 为两种联用方式处理补连塔矿井水后 COD 与浊度数据；图 9-11 和图 9-12 分别为 PAC、PFS 与 PAM 联用处理补连塔矿井水后的现象。由表 9-3 可知，PAC、PFS 与 PAM 联用后对 COD 和浊度的去除效果并没有多大提高，在 PAM 投加量为 1 mg/L 时，处理效果最好，但 COD 分别为 74 mg/L 和 82 mg/L，处理效果比 PAC 与 PFS 单独使用时差，因此不建议采用联用的方式。图 9-13 和图 9-14 为不同混凝剂、不同投加量对大柳塔矿井水浊度与 COD 去除的影响。由图可知，PAC 与 PFC 对大柳塔矿井水的处理效果较好，最佳投加量分别为 20 mg/L 和 30 mg/L。表 9-4 为 PAC、PFC 分别与 PAM 联用对大柳塔矿井水 COD 和浊度去除效果数据，由表可知，联用后效果比单独使用 PAC 和 PFC 时提高不明显，单独使用已经可以符合要求。

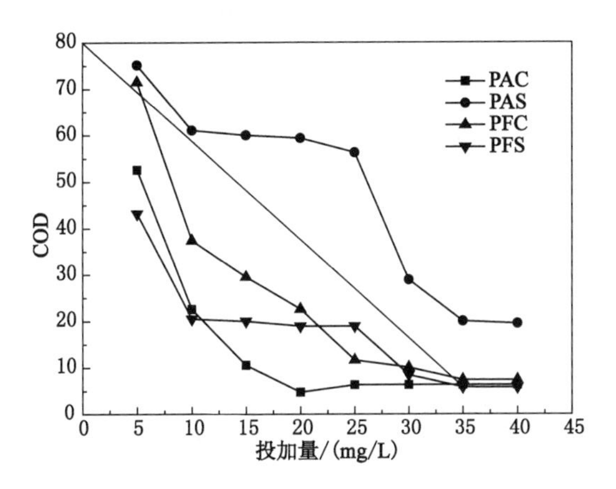

图 9-5　不同混凝剂不同投加量对 COD 去除效果

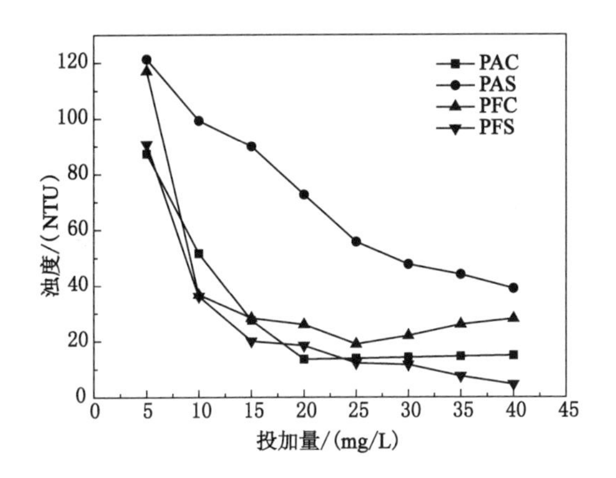

图 9-6　不同混凝剂在不同投加量条件下对浊度去除效果

图 9-7　不同 PAC 投加量对矿井水处理效果

图 9-8　不同 PAS 投加量对矿井水处理效果

图 9-9　不同 PFC 投加量对矿井水处理效果

图 9-10　不同 PFS 投加量对补连塔矿井水处理效果

表 9-1　　4 种混凝剂投加量对补连塔矿井水 COD 和浊度的影响

投加量/(mg/L)	PAC		PAS		PFC		PFS	
	COD	浊度	COD	浊度	COD	浊度	COD	浊度
5	52.6	87.3	75.2	121.33	71.5	117	43.2	90.7
10	22.6	51.6	61.1	99.3	37.4	36.7	20.5	36.1
15	10.5	27.5	60.0	90.0	29.5	28.3	20.0	20.1
20	4.73	13.6	59.4	72.6	22.6	26.0	18.9	18.5
25	6.31	13.9	56.3	55.7	11.6	19.0	18.9	12.2
30	6.31	14.2	28.9	47.7	10.0	22.0	8.42	11.6
35	6.30	14.6	20.0	44.0	7.36	26.0	5.78	7.5
40	6.28	14.9	19.5	39.0	7.34	28.0	5.75	4.6

表 9-2　　PAC、PFS 与 PAM 的联用处理补连塔矿井水效果

投加量/(mg/L)	PAC(25 mg/L)+PAM		PFS(40 mg/L)+PAM	
	COD	浊度	COD	浊度
0.5	213	33.6	84	21.4
1	74	19.4	82	12.5
2	54	23.7	66	14.2
3	44	46.6	49	37.9
4	33	50.6	45	43.9

图 9-11　PAC 与 PAM 联用处理补连塔矿井水

图 9-12　PFS 与 PAM 联用处理补连塔矿井水

表 9-3　　不同投加量的 4 种混凝剂处理大柳塔矿井水效果

投加量/(mg/L)	PAC		PAS		PFC		PFS	
	COD	浊度	COD	浊度	COD	浊度	COD	浊度
5	88.5	5.51	84.5	3.68	81.5	6.09	66.5	6.26
10	62.5	4.50	58.0	3.29	71.5	4.41	59.0	5.40
20	46.5	3.25	57.0	3.12	66.0	4.15	56.0	5.44
30	62.0	5.08	55.0	3.11	41.5	5.20	48.0	5.38
40	74.0	4.54	69.0	3.55	76.0	5.75	52.5	6.20

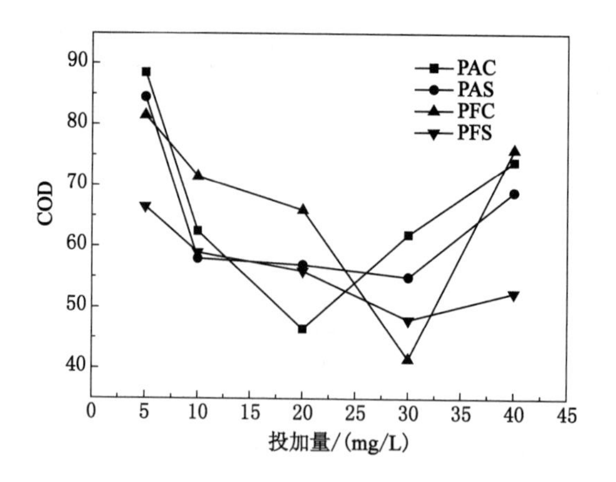

图 9-13　不同混凝剂在不同投加量条件下对大柳塔矿井水 COD 去除效果

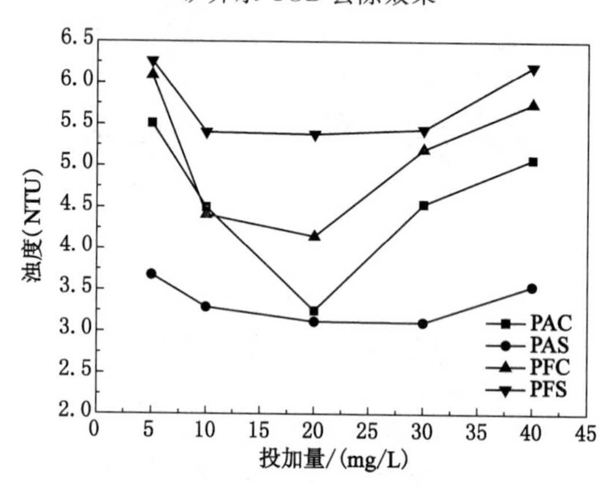

图 9-14　不同混凝剂在不同投加量条件下对大柳塔矿井水浊度的去除效果

表 9-4　　PAC、PAS 分别与不同量 PAM 联用处理大柳塔矿井水效果

投加量/(mg/L)	PAC(20 mg/L)+PAM		PFC(30 mg/L)+PAM	
	COD	浊度	COD_{cr}	浊度
0.5	67.0	33.6	107.0	21.4
1	65.0	19.4	69.5	12.5
2	57.0	23.7	51.0	14.2
3	49.0	46.6	60.0	37.9
4	55.5	50.6	84.5	43.9

9.2.3 矿井水处理效果分析

实验对大柳塔矿井水和补连塔矿井水的处理工艺进行改进，利用混凝沉淀—砂滤—深度处理—超滤—纳滤的流程对两种矿井水进行净化，图 9-15 为实验流程装置图。为了检测经过不同处理阶段后水质的变化情况，实验时分别从混凝沉淀后、砂滤后、深度处理后、超滤后以及纳滤后取一定量水样，测定其水质情况，判断出水水质是否能够达到所设计的回用方案的水质要求。表 9-5 为大柳塔矿与补连塔矿原矿井水主要水质参数，表 9-6 和表 9-7 分别为大柳塔矿井水与补连塔矿井水在处理的各个阶段主要水质参数情况。图 9-16 至图 9-18 为补连塔矿井水处理各阶段水质的变化情况，图 9-19 至图 9-21 为大柳塔矿井水各阶段水质的变化情况。

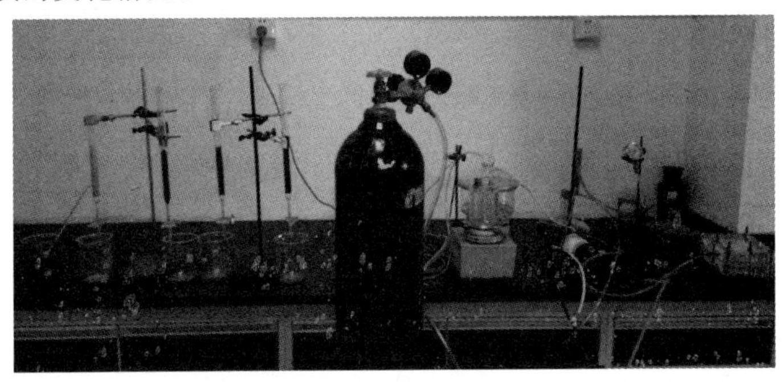

图 9-15 实验流程装置图

表 9-5 大柳塔矿井水与补连塔矿井水原水水质情况表

项目	大柳塔矿井水	补连塔矿井水
pH	7.74	8.32
悬浮物	73.5	868
COD	575	260
浊度	7	800
总碱度/(mg/L)	410.79	470.74
总硬度/(mg/L)	462.86	112.5
钠离子/(mg/L)	192.02	472.77
钙离子/(mg/L)	124.86	32.96
镁离子/(mg/L)	39.22	7.33
硫酸根/(mg/L)	397.47	445.66
石油类/(mg/L)	0.72	0.85

表 9-6　　大柳塔矿井水处理各阶段水质情况表

项目	混凝沉淀	砂滤	深度处理	超滤	纳滤
pH	8.1	8.21	8.52	8.32	8.32
悬浮物	70.5	68.5	50	28.5	7.5
COD	46.5	42	30	13.5	9
浊度	3.2	0.37	0.29	0.24	0.20
总碱度/(mg/L)	273.09	271.17	292.42	267.29	233.63
总硬度/(mg/L)	339.28	351.84	359.34	340.05	292.43
钠离子/(mg/L)	190.3	185.73	184.97	181.41	162.92
钙离子/(mg/L)	80.69	77.95	73.20	71.50	62.24
镁离子/(mg/L)	38.33	38.17	38.00	36.68	33.27
硫酸根/(mg/L)	393.2	383.64	383.67	340.66	333.63
石油类/(mg/L)	0.46	0.44	0.33	0.29	0.05

表 9-7　　补连塔矿井水处理各阶段水质情况表

项目	混凝沉淀	砂滤	超滤	纳滤
pH	8.41	8.44	8.56	8.47
悬浮物	39	17	17	6
COD	42.5	40	31	16
浊度	13.6	1.18	0.78	0.38
总碱度/(mg/L)	428.58	424.72	412.35	408.35
总硬度/(mg/L)	70.97	70.22	60.88	54.67
钠离子/(mg/L)	470.70	460.75	459.33	449.43
钙离子/(mg/L)	17.42	17.17	14.22	11.34
镁离子/(mg/L)	6.67	6.64	6.40	6.16
硫酸根/(mg/L)	410.41	408.94	396.96	392.51
石油类/(mg/L)	0.45	0.42	0.35	0.30

从图中可以看出，经过处理后大柳塔矿井水和补连塔矿井水的悬浮物、COD、钙镁离子以及总碱度都有明显的下降，悬浮物含量分别从 50 mg/L 和 868 mg/L 降低到 7.5 mg/L 和 6 mg/L，总碱度从 410.79 mg/L 和 470.74 mg/L 降低到 233.63 mg/L 和 408.35 mg/L，其中钙镁离子在超滤、纳滤处理后减少较为明显，表明脱盐处理的有效性，并且处理后的大柳塔矿井水的矿化度降低到 930.21 mg/L，已不再属于高矿化度矿井水。但另一方面，经过超滤纳滤后，钠

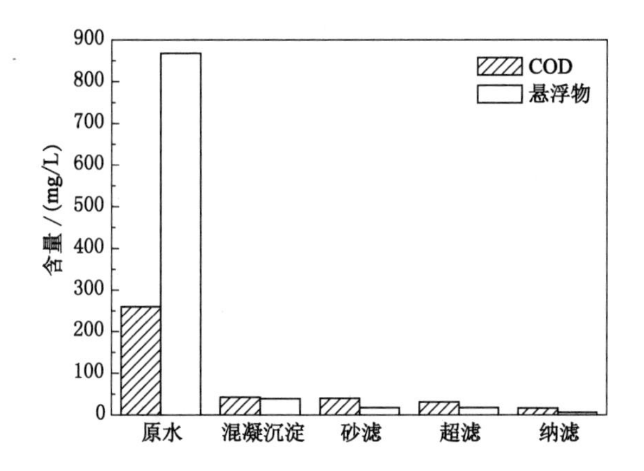

图 9-16　补连塔矿井水处理各阶段 COD 与悬浮物含量变化

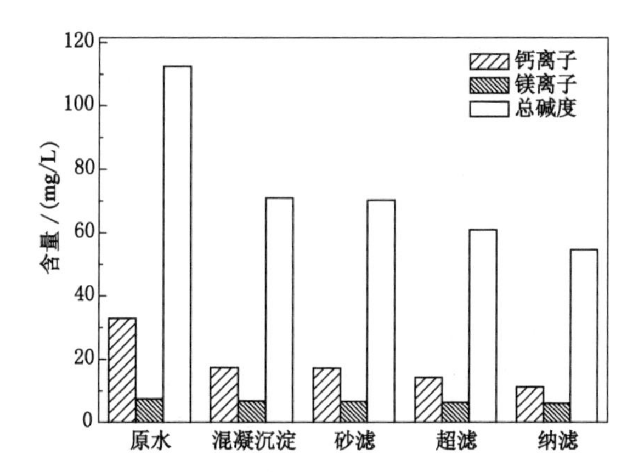

图 9-17　补连塔矿井水处理各阶段钙离子、镁离子和总碱度变化

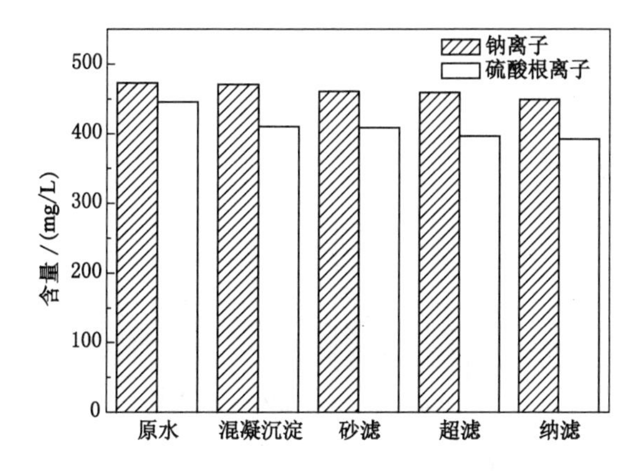

图 9-18　补连塔矿井水处理各阶段钠离子与硫酸根离子含量变化

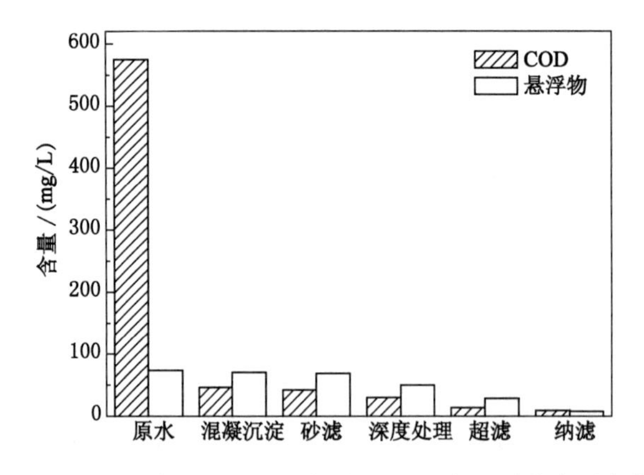

图 9-19　大柳塔矿井水处理各阶段 COD 与悬浮物含量变化

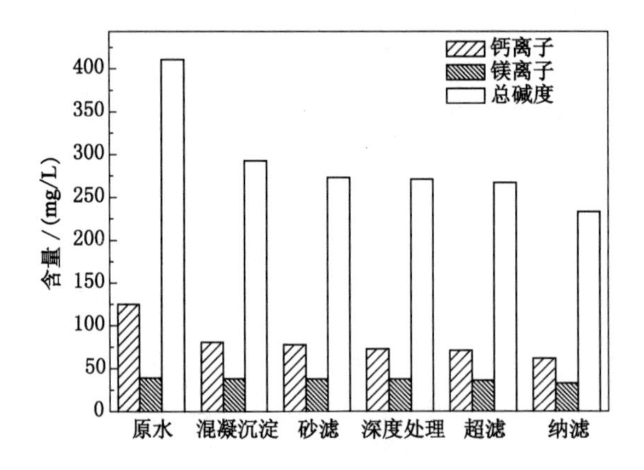

图 9-20　大柳塔矿井水处理各阶段钙离子、镁离子和总碱度变化

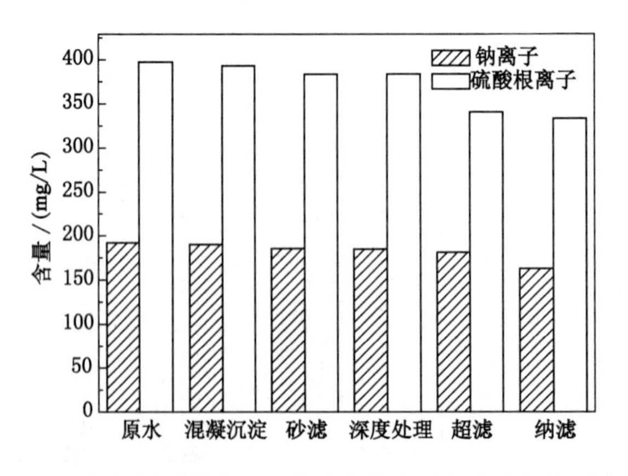

图 9-21　大柳塔矿井水处理各阶段钠离子与硫酸根离子变化

离子与硫酸根离子去除效果仍不明显，大柳塔矿井水和补连塔矿井水去除率分别为 15.3%、16.2%和 4.8%、11.9%。

通过数据可以得出以下结论：

(1) 经过混凝沉淀和砂滤后的矿井水，其浊度、COD 基本已经达到洗煤用水的水质标准，但其中悬浮物和总硬度仍较大，无法作为热电厂的循环冷却水。

(2) 实验利用 PAC、PFC、PAS 和 PFS 等不同混凝剂处理矿井水，结果表明相比于其他几种混凝剂，PAC 的处理效果更好，并且单独使用 PAC 已可满足要求，PAC 与 PAM 联用后效果改善并不明显。

(3) 深度处理后悬浮物已经达标，石油类含量仍不够稳定。超滤后，碱金属离子有所减少，总硬度下降，石油类去除明显，水质已经可以回用至电厂的循环冷却水，但仍无法作为锅炉给水回用。

(4) 在深度处理的各个过滤阶段中，锰砂过滤效果不明显，并且由于原矿井水中铁的含量很少，没有必要使用锰砂过滤这一步骤，而且锰砂滤料一旦使用不当，不仅无法有效去除铁，还有可能会污染水质。

9.3 水资源配置多目标优化配置

9.3.1 水资源配置多目标规划模型建模原则

在矿井水资源化的基础上，为实现矿区水资源的合理开发利用，综合利用矿区各类水资源(地下水、地表水、矿井水)，以矿区地理位置及政策法规等约束条件，并在保证供水满足需求的基础上，实现成本的最小化，建立水资源配置多目标规划模型。模型的建立原则如下：

(1) 供水实现就近原则：即优先使用本矿的矿井水、强排水、水源地水和生活污水复用水。

(2) 根据用户需水类型优先级排序原则，即首先满足生活用水，其次生产用水、绿化用水。

(3) 根据水源水质的不同，用户分类供水原则：① 矿井水：水质较差，不能满足生活用水需要，因此优先供给矿区生产用水，其次供给绿化用水。② 强排水和水源地水：水质较好，经过简单的处理之后即可供给矿区生活用水，其次为生产，绿化。③ 生活污水处理复用水：生活污水经过处理后，水质完全达到绿化需求，满足部分矿区生产需求。故生活污水复用水优先满足矿区绿化用水，有富余的情况下供给矿区生产用水。

(4) 水资源利用率最高原则：使矿井水和生活污水复用水优先使用完，使其外排量最小。

(5) 考虑在生活用水不足的情况下，矿井涌水总量不变的情况下，增加强排孔水量，即矿井生产用水总量减少。只针对乌兰木伦矿和石圪台矿。

(6) 以丰补欠原则：考虑设立水务公司处理矿区多余外排水量，用于缺水矿区生产用水，达到合理的利用水资源和减少外排水量大目的。

9.3.2 水资源配置多目标规划模型建模

9.3.2.1 决策变量

根据模型优化配置各类水资源的目标，把 Q_{ijk} 即第 i 个水源向第 j 个矿区提供的 k 型水的水量作为决策变量，即 Q_{ijk} =(供水水源，用水户，水的类型)；W_i 为排外水量(表示矿区及生活污水处理厂外排水)。

其他重要数据标识如下：

YL_i——距离；

PL——距离运输单位水成本；

HL——距离运输单位水水量损耗系数；

PC_k——水厂处理成本；

HC_k——水处理损耗系数；

QG_i——供水量；

QX_j——矿区需水量；

α——水量损耗剩余系数。

9.3.2.2 目标函数

(1) 规划目标

① 供水量最大 $\text{MAX}_{供} = \sum\limits_{i=1}\sum\limits_{j=1}\sum\limits_{k=1} Q_{ijk}$；

② 外排水量最小 $\text{MIN}_{外} = \sum\limits_{i} W_i$；

③ 运行成本最小 $\text{MIN}_{成} = \sum (PL \cdot HL \cdot YL_{ij} \cdot Q_{ijk} + PC_k \cdot HC_k \cdot Q_{ijk})$。

(2) 多目标处理方法——加权法

对于供水水量赋予弹性，引入偏移变量 d^- 和 d^+，即供水量最大时负偏移量 d^-，趋于最小，所供水量离目标最近，最大限度地满足矿区需求，故供水量最大可表示为：$\text{MIN}_{供} = \sum d^-$。

多目标加权：

$$\text{MIN}_{供} = P_1 \cdot \sum d^- + P_2 \cdot \sum W_i + P_3 \cdot \sum (PL \cdot HL \cdot YL_{ij} \cdot Q_{ijk} + PC_k \cdot HC_k \cdot Q_{ijk})$$

其中，P_1、P_2、P_3 为权重，根据计算时各个量值的偏向给出，无实际意义。

9.3.2.3 约束方程

(1) 供水量平衡

$$\sum Q_{ijk} + W_i = QG_i$$

$$i=1,2,3,\cdots,21$$

$$j=1,2,3,\cdots,9$$

$$k=1,2,3$$

(2) 需水量平衡

$$\sum \alpha Q_{ij1} + d_1^- - d_1^+ = QX_{i1}$$

$$\sum \alpha Q_{ij2} + d_2^- - d_2^+ = QX_{i2}$$

$$\sum \alpha Q_{ij3} = QX_{i2}$$

对生产用水和生活用水赋予弹性约束，其中 d^- 为负偏移量，d^+ 为正偏移量；其中生活污水复用量完全能够满足绿化用水量，使其强制优先满足绿化用水。

(3) 非负约束

$Q_{ijk} \geqslant 0$ 时，供水量大于等于零

$W_i \geqslant 0$ 时，外排水量大于等于零

(4) 0～1 变量设定

@bin(D_1)；

@bin(D_2)。

D_1 取值为 1 时，增加强排孔水量；取 0 时，不增加强排孔水量。

D_2 取值为 1 时，设立水务公司；取 0 时，不设立水务公司。

9.4　小　　结

(1) 根据地下水环境系统的类型对现代开采区进行了“控水采煤”分区，其中浅埋贫水黄土裂隙型井田为煤炭资源正常开采区或鼓励开采区，浅埋富水松散孔隙型井田为煤炭资源限制开采区，深埋富水松散孔隙与基岩裂隙复合型井田为煤炭资源减沉控制开采区。

(2) 在煤炭资源限制开采区，实施控水开采的主要途径是限高开采，以保障隔水层的完整性和稳定性，放顶煤开采方法应受到限制。在煤炭资源减沉控制开采区，控制采煤形成的地面沉陷是实现控水开采的核心：一是可以采取充填式采煤的方法，就是在工作面回采过程中，随时对采空区进行充填，减少地面沉陷范围与深度，使地下水不能出露于地表；二是可以采取分层开采的方法，减少地面沉陷深度，达到控制地下水资源蒸发流失的问题；三是在水源地等地区局部进行条带开采。

(3) 矿井水资源化是解决煤矿用水短缺和环境污染问题的最佳选择。工艺

优化试验结果表明，利用 PAC、PFC、PAS 和 PFS 等不同混凝剂处理矿井水后 PAC 的处理效果更好，并且单独使用 PAC 已可满足要求，PAC 与 PAM 联用后效果改善并不明显；在深度处理的各个过滤阶段中，锰砂过滤效果不明显，并且由于原矿井水中铁的含量很少，没有必要使用锰砂过滤这一步骤；经过超滤、纳滤处理后，水质已经稳定达到循环冷却水水质的要求。

（4）依据多目标规划模型的理论基础，制定模型建立准则，构建多目标、多水源、多用户、不同水质规划模型目标函数、决策变量、目标约束以及约束条件。对于不同性质的矿井水，可遵循“清污分流、分质处理”的原则；对于矿井水的利用，可采用“分质回用、依次供水”的原则进行指导回用；以矿区为单元，采用“以丰补欠”原则，建议成立地区矿井水水务公司，处理各井田多余外排水量，可达到矿区矿井水资源的进一步优化配置。

（5）要实现研究区水资源的可持续开发利用规划，除要技术上可行外，还必须从地区管理制度、法律、法规等方面进行宏观政策调控。

10　结论与展望

10.1　主要结论

地下水是西部干旱区水资源主要组成部分，具有极其重要的资源功能和生态功能。而随着我国煤炭资源开发西进战略的实施，规模化、现代化的煤炭资源开采不可避免地造成了对地下水影响和破坏，产生的水资源破坏及生态环境的负面响应，正制约着我国煤炭工业“安全、持续、绿色、生态”的可持续发展要求。

煤炭资源开发破坏了地下水赋存的地质环境，形成地下“空间”，围岩原位应力场平衡被打破，覆岩产生垮塌、层间离层、节理及次生裂隙发育，以及地表沉陷等响应，由此引发井下大量涌水、地下水水位下降、河流基流锐减断流、水质污染、荒漠化加剧等一系列环境地质及生态问题。本书以陕蒙交界地区的陕北和神东两大国家亿吨级煤炭能源基地为研究对象，从地下水环境系统扰动的概念出发，综合运用水文地质学、采矿工程、生态环境等理论，水文地质野外调查、室内实验分析、物理相似材料试验、地下水系统数值模拟及流固耦合数值模拟等研究方法，重点围绕煤炭资源开发对地下水环境系统扰动机制以及地下水环境系统扰动的定量评价方法等科学问题，进行了较为系统的研究，并取得了下列有意义的成果：

(1) 给出了现代煤炭开采区地下水环境系统的概念及其内涵。

根据地下水系统、地下水环境的相关概念及研究区地下水功能特征，给出现代开采区地下水环境系统的概念：指在一定空间范围内，以地下水体为系统中心，以控制地下水存储和运动形式的各种要素为系统结构，以地下水的资源与生态价值为核心系统功能的整体。从系统的空间结构、范围以及功能内涵出发，将地下水环境系统分为“结构控制层”、“水力驱动层”和“外围扰动层”三个部分。

① 结构控制层包括含水介质结构要素和边界控制结构要素两个方面，其中含水介质结构要素构成了地下水存储，因此根据地下水赋存介质的结构特征，将研究区含水介质结构要素分为松散孔隙、基岩裂隙、烧变岩溶隙溶洞三类结构形式，同时指出松散孔隙地下水是研究区最具资源和生态功能的地下水体；而边界结构要素控制着地下水的运动格局，其中控制地下水垂向流动的平面边界要素

如直接接受外围扰动层(大气降水)补给的潜水面边界、不同含水介质结构类型(含水层间)间的相对隔水边界等,同时地表自然分水岭、河流或人类构筑等是控制地下水水平运动的边界要素。因此,结构控制层的各种要素是地下水环境系统稳定的控制性因素。

② 水力驱动层是指控制地下水体水量与水质时空分布格局(渗流场、化学场、温度场等)的各种要素的综合。包括水动力要素和水化学类要素两个方面,水动力要素承担着地应力和孔隙(水)应力的传递,水化学要素通过水—岩的物理化学作用,控制地下水环境系统中物质的交换,水力驱动层要素保障着地下水环境系统的动态平衡。

③ 外围扰动层是指打破或改变地下水环境系统(包括结构控制层和水动力系统)平衡的各种要素的综合,既有自然环境的因素(如大气降水、蒸发、洪流、地震等),也有人类活动的因素(如抽注地下水、灌溉、水库建设、井下采矿、构筑活动等),控制着地下水环境系统的输入、输出,是地下水环境系统与自然环境、人类社会发生联系的综合系统。

(2) 得出了地下水环境系统功能、扰动特征及其在研究区的类型。

① 从地下水环境系统的结构特征、水力特征以及水岩物理化学作用等方面总结提出研究区地下水的资源供给功能、生态维持功能、信息传递功能以及地质环境的调蓄和稳定功能等。本书从地下水功能角度定义在外围扰动层因素影响下某项或多项功能的削弱、消失、增强或增加即为地下水环境系统扰动的概念。

② 人为直接打破地下水环境内部系统的水力驱动层(包括水动力场和水化学场)是一般地区地下水环境系统功能变化的根本原因,而研究区煤层开采产生的覆岩垮塌、导水裂缝、变形、沉陷等地下水环境系统内部的结构和边界系统要素的变异,以及引起水力驱动层的各种响应,是地下水环境系统扰动的内在原因。

③ 根据地下水环境系统含水介质结构要素、边界结构要素特征以及煤层开发为主的外围扰动层特征,将现代开采区地下水环境系统主要分为浅埋贫水黄土裂隙型、浅埋富水松散孔隙型和深埋富水松散孔隙与基岩裂隙复合型三个基本类型。其中浅埋富水松散孔隙型和深埋富水松散孔隙与基岩裂隙复合型矿区是地下水环境系统煤-水矛盾突出的重点矿区。

(3) 揭示了煤炭资源开发对地下水环境系统的扰动机理。

现代开采区采掘扰动使地下水环境"结构控制层"的变异是地下水环境演变的根本原因,从而引发了地区地质环境、生态环境负面响应。

① 采动覆岩体的损伤与变形是结构控制层的主要扰动表现形式。在理论分析的基础上,从采掘扰动形成的附加应力状态出发,总结了拉应力区、拉压应力区、压应力区三个区段的应力状态与覆岩变形、损伤的一般关系,以及典型采

动覆岩“三带一区”(垮落带、裂隙带、弯曲带、地面沉陷区)变形损伤规律。

② 分别应用实验室相似材料模拟技术、数值模拟技术等定量研究了现代开采区不同地下水环境系统类型覆岩损伤破坏特征，得出深埋孔隙-裂隙复合型(沙拉吉达井田)煤层开采采动覆岩具有“三带一区”变形损伤特征，其覆岩导水裂缝约为 146 m，地面最大沉陷 4.8 m；浅埋松散孔隙型矿区(红柳林井田)煤层开采覆岩为“两带”型破坏特征，其导水裂缝直接发育至地表。

③ 通过对研究区典型砂岩、泥岩轴向压缩伺服渗透试验，分析得出岩石在受力初期，变形以压密为主，出现岩石全应力-应变过程渗透率最低点(k_i)，其值约为渗透率初值的 20%～30%；随后岩石由压密变形过渡为剪裂变形，出现渗透率随应变由降转升的临界点，该点可称为岩石渗透率突增点(k_c)，其值约为渗透率初值的 50%；在岩石应变软化变形阶段，渗透性随变形的增大而增强，渗透率峰值点(k_f)值约为渗透率初值的 5 倍以上。岩石宏观破坏后，出现塑性流变阶段，渗透率基本趋于稳定，破碎岩石在残余强度下的渗透性(k_m)值约为渗透率初值的 3 倍左右。

④ 从地下水资源损失角度，运用地下水动力学理论方法，从地下水资源量损失角度分析，“三带一区”损伤变形对地下水损失的影响机制，得出地下水渗漏量与弯曲带覆岩渗透能力、冒裂带揭露范围以及含水层水压呈正相关关系，与余留的保护层厚度呈负相关。即扰动揭露的面积越大、冒裂带高度越高、弯曲带渗透能力越强、上覆含水层水压力越大则地下水渗漏量越大。因而，控制采掘损伤变形的空间范围是减少地下水渗漏的主要方面。

⑤ 通过流-固耦合数值分析手段，以 COMSOL 多物理场耦合软件为模拟平台对深埋富水孔隙-裂隙复合型矿区采掘扰动下围岩应力场、位移场及岩体介质渗透率等地下水环境系统“结构要素”的演化机理，以及地下水环境“水动力要素”(水位、水压、渗流)响应规律进行了系统研究。结果显示，采动覆岩应力状态分区明显，压应力区岩体渗透能力减小，渗透率最大减小了 26%，拉应力区渗透率约增大了 15%；采掘后井下采掘空间直接与大气联通，即形成井下水压“自由表面”，以“自由表面”为中心的降落漏斗明显，垂向水力梯度、流速加剧；在煤层顶板 300 m 以上范围，水压水头基本为原始状态。

(4) 探讨了煤炭开采对地下水环境水力驱动层扰动定量评价的方法。

① 从地下水环境系统扰动因素出发，提出了以地下水数值仿真为主要手段，在地下水系统数值建模的基础上(背景模型)，通过数值化处理采掘扰动结构变异因素(“三带一区”)，来建立定量化程度高的水力驱动层扰动的数学模型和计算机评价模型的技术思路。

② “三带一区”数值化处理方法，在地下水系统数值模型中将导水裂缝切割含水层的接触带数值化处理成地下水系统的一类内部边界；根据弯曲带渗透能

力在采掘前后的变化趋势，进行渗透能力参数分区；根据地面沉陷区预测或实测结果，通过改变地面高程值，对模型的上边界进行重新剖分。

③ 根据研究区地下水环境系统特征，提出生态水位指标 E_{He}，其数值越小说明采掘扰动程度小，$E_{He}<1$ 为合理生态影响程度范围，$E_{He}>1$ 表征地区生态破坏严重；含水层扰动指标 E_{Ha}，其值介于 0～1 之间，数值越小说明采掘扰动程度小，当值为 1 时，说明含水层被疏干；水均衡扰动指标 E_Q，其值一般小于 1，其值越大表征矿坑水对地下水资源袭夺量越大，采掘扰动程度越强烈。

(5) 地下水环境水动力系统扰动定量评价的应用研究。

应用本书提出的地下水环境系统扰动数值仿真评价模型建模思路，分别引用案例对深埋富水孔隙-裂隙复合型、浅埋富水孔隙型井田的水力扰动进行了定量评价研究。

① 深埋富水孔隙-裂隙复合型井田(沙拉吉达井田)，采动裂缝沟通延安组基岩裂隙含水层，该含水层流场影响较大，易形成明显的降落漏斗；导水裂缝带不能波及近地表松散孔隙含水层，对孔隙含水层流场影响极小，最大水位附加降深仅为 0.25 m，松散层水资源的损失量约为 2 040 m^3/d。其中生态扰动指标 E_{He}(指标 1)在井田范围内基本大于 1，表明局部地段为生态环境影响区；含水层扰动指标 E_{Ha}(指标 2)最大值仅为 0.07，说明含水层受影响较小；水均衡扰动指标 E_Q(指标 3)值为 2.8%，亦说明采掘扰动对松散层地下水影响极小。

② 浅埋富水松散孔隙型井田(补连塔井田)，采掘扰动形成的导水裂缝直接发育至地表，且随着采掘范围进一步拓展，导水裂缝带沟通或揭露范围和地表沉陷范围扩大，井田范围内地下水水位降深在 30 m 以上(2012 年)，采场顶部松散含水层被疏干，井田内地下水水位平均下降，井田内地表水与地下水补排关系的逆转，河流干涸(补连沟)，地下水资源损失量约为 1.90×10^4 m^3/d。其中生态扰动指标 E_{He}(指标 1)和含水层扰动指标 E_{Ha}(指标 2)在井田内均大于 1，表明生态破坏严重，含水层被大范围疏干；水均衡扰动指标 E_Q(指标 3)值随着采掘范围拓展逐年增大，2012 年达到了 23%，因而采煤对水均衡影响较大。

③ 浅埋煤层区黄土沟壑型井田(大柳塔煤矿)，采掘扰动形成的导水裂缝直接发育至地表，且随着采掘范围进一步拓展，导水裂缝带沟通或揭露范围和地表沉陷范围扩大，水位下降明显，松散含水层干涸范围逐年增加，以 2012 年为例，井田范围内地下水水位降深在 50 m 以上，地下水资源流失量可达 2.12×10^4 m^3/d。

(6) 现代开采区“控水采煤”技术研究，分别从煤炭资源的科学开发、矿井水资源化和水资源科学管理方面提出了地下水控制性采煤技术。

10.2 主要创新性成果

(1) 从西部矿区地下水系统、地下水环境、地下水功能及矿区开发特征出发，首次提出了现代煤炭开采区地下水环境系统的概念，并从系统的空间结构、范围以及功能内涵出发，将地下水环境系统分为结构控制层、水力驱动层、外围扰动层三个部分；从系统功能变化的角度，提出了在外围扰动层因素影响下地下水环境系统某项或多项功能的削弱、消失、增强或增加即称为地下水环境系统扰动。

(2) 根据研究区地下水环境系统含水介质结构要素、边界结构要素特征，以及煤层开发为主的外围扰动层特征，首次将陕蒙煤炭开采区地下水环境系统主要分为浅埋黄土裂隙型、浅埋松散孔隙型和深埋松散孔隙与基岩裂隙复合型三个基本类型及其在研究区的分布特征。根据现代采煤活动对地下水环境系统的扰动特征，提出了研究区浅埋黄土裂隙型井田为煤炭资源正常开采区或鼓励开采区，浅埋松散孔隙型井田为煤炭资源限制开采区，深埋松散孔隙-基岩裂隙复合型井田为煤炭资源减沉控制开采区的重要结论。

(3) 从地下水环境系统扰动因素出发，首次提出了以地下水数值仿真为主要手段，在地下水系统数值建模的基础上(背景模型)，通过数值化处理采掘扰动结构变异因素(“三带一区”)，来建立定量化程度高的水力驱动层扰动的计算机数值评价模型，系统地回答了采掘扰动影响下具体地下水资源的漏失量、水位降幅等，并分别以生态水位、含水层厚度和地下水水均衡为指标，定量地评价了不同地下水环境系统类型(浅埋松散孔隙型、深埋松散孔隙与基岩裂隙复合型)的扰动程度。

10.3 展　　望

针对本书的研究结果，以下问题应进一步研究：

(1) 本研究通过收集研究区相关资料，基于弹塑性相关理论，建立了基于“稳态”的流固耦合数值模型，以分析采场弯曲带覆岩渗透率的变化规律，下一步应对采掘进度与覆岩变形为“瞬态”的变化过程进行研究。

(2) 研究仅进行了岩体轴向压缩伺服渗透试验，未对拉伸破坏的岩体渗透率进行实验室测试分析，另外未对实际工作面采前、采后弯曲带关键覆岩的渗透性进行对比测试分析，下一步应进行补充完善。

(3) 综合煤炭开采过程中水害防治与水环境保护技术需求，以安全绿色煤炭开采为目标，构建集水害防控、水情监控、水资源调控煤炭开发技术体系，拓展控水采煤技术范畴。

参考文献

[1] 顾大钊,等.晋陕蒙接壤区大型煤炭基地地下水保护利用与生态修复[M].北京:科学出版社,2015.

[2] 徐刚.综采工作面配套技术研究[J].煤炭学报,2010,35(11):1921-1924.

[3] 蒋泽泉,姚建明.榆神矿区矿井充水因素及矿井水的利用[J].陕西煤炭,2008,27(2):4-6.

[4] 王双明,范立民,黄庆享,等.陕北生态脆弱矿区煤炭与地下水组合特征及保水开采[J].金属矿山,2009(S1):697-702.

[5] 王双明,黄庆享,范立民,等.生态脆弱区煤炭开发与生态水位保护[J].中国煤炭地质,2011(2):31.

[6] 王力,卫三平,王全九.榆神府煤田开采对地下水和植被的影响[J].煤炭学报,2008,33(12):1408-1414.

[7] 师本强.陕北浅埋煤层矿区保水开采影响因素研究[D].西安:西安科技大学,2012.

[8] CHUGH Y P, BEHUM P T. Coal waste management practices in the USA: an overview[J]. International Journal of Coal Science & Technology, 2014,1(2):163-176.

[9] SKOUSEN J, ZIPPER C E. Post-mining policies and practices in the Eastern USA coal region[J]. International Journal of Coal Science & Technology, 2014,1(2):135-151.

[10] VENBURG L C. Monitoring the effect of surface mining operations on the hydrologic regime [J]. Groundwater Monitoring & Remediation, 2007,3(1):86-91.

[11] SCHMIDT R D. Fracture-zone dewatering to control ground water inflow in underground coal mines[R]. Washington D. C. : United States Bureau of Mines,1985.

[12] ADAMCZYK Z,MOTYKA J,WITKOWSKI A J. Impact of Zn-Pb ore mining on groundwater quality in the Olkusz region[J/OL]. [2000-01]. https://www.researchgate.net/publication/239613151.

[13] 刘天泉,仲维林,焦传武.煤矿地表移动与覆岩破坏规律及其应用[M].北京:煤炭工业出版社,1981:362-363.

[14] 杨伦,于广明,王旭春,等.煤矿覆岩采动离层位置的计算[J].煤炭学报,1997,22(5):477-480.

[15] 高延法.岩移“四带”模型与动态位移反分析[J].煤炭学报,1996,21(1):51-56.

[16] 马庆云.采动支承压力及上覆岩层运动规律研究[D].徐州:中国矿业大学,1997.

[17] 钱鸣高,缪协兴.采场“砌体梁”结构的关键块分析[J].煤炭学报,1994,19(6):557-563.

[18] 钱鸣高,缪协兴,许家林.岩层控制中的关键层理论研究[J].煤炭学报,1996,21(3):225-230.

[19] 宋振骐.实用矿山压力控制[M].徐州:中国矿业大学出版社,1988.

[20] 钱鸣高,刘听成.矿山压力及其控制[M].北京:煤炭工业出版社,1991.

[21] 钱鸣高,石平五,许家林.矿山压力与岩层控制[M].徐州:中国矿业大学出版社,2003.

[22] 邓喀中.开采沉陷中的岩体结构效应[M].徐州:中国矿业大学出版社,1998.

[23] 许家林,金泰.鲍店矿仰斜开采综采面顶板控制研究[J].矿山压力与顶板管理,1994(2):10-16.

[24] 赵经彻,陶廷云,刘先贵,等.关于综放开采的岩层运动和矿山压力控制问题[J].岩石力学与工程学报,1997,16(2):132-139.

[25] 崔希民,陈至达.开采沉陷位移场的有限变形分析[J].中国矿业大学学报,1995,24(4):1-5.

[26] 凌标灿,蒋伟,丁后稳,等.松软煤层综放面顶底板采动应力分布规律研究[J].工程地质学报,2005,13(2):160-163.

[27] 王文学,隋旺华,董青红,等.松散层下覆岩裂隙采后闭合效应及重复开采覆岩破坏预测[J].煤炭学报,2013,38(10):1728-1734.

[28] 刘洋.突水溃沙通道分区及发育高度研究[J].西安科技大学学报,2015,35(1):72-77.

[29] 刘洋.富水松散沙层下开采安全水头高度研究[J].煤矿开采,2015,20(3):129-132.

[30] 麻凤海,王泳嘉.岩层移动动态过程的离散单元法分析[J].煤炭学报,1996,21(4):388-392.

[31] 崔希民,陈至达.非线性几何场论在开采沉陷预测中的应用[J].岩土力学,

1997,18(4):24-29.
[32] 钱鸣高,许家林. 覆岩采动裂隙分布的"O"形圈特征研究[J]. 煤炭学报,1998,23(5):466-469.
[33] 梁运培,文光才. 顶板岩层"三带"划分的综合分析法[J]. 煤炭科学技术,2000,28(5):39-42.
[34] 黄庆享. 浅埋煤层的矿压特征与浅埋煤层定义[J]. 岩石力学与工程学报,2002,21(8):1174-1177.
[35] 黄庆享,刘文岗,田银素. 近浅埋煤层大采高矿压显现规律实测研究[J]. 矿山压力与顶板管理,2003,20(3):58-59.
[36] 翟所业,张开智. 用弹性板理论分析采场覆岩中的关键层[J]. 岩石力学与工程学报,2004,23(11):1856-1860.
[37] 张永波,靳钟铭,刘秀英. 采动岩体裂隙分形相关规律的实验研究[J]. 岩石力学与工程学报,2004,23(20):3426-3429.
[38] 康永华,赵开全,刘治国,等. 高水压裂隙岩体综采覆岩破坏规律[J]. 煤炭学报,2009,34(6):721-725.
[39] 许延春,刘世奇,柳昭星,等. 近距离厚煤层组工作面覆岩破坏规律实测研究[J]. 采矿与安全工程学报,2013,30(4):506-511.
[40] 张宏伟,朱志洁,霍利杰,等. 特厚煤层综放开采覆岩破坏高度[J]. 煤炭学报,2014,39(5):816-821.
[41] 康永华,王济忠,孔凡铭,等. 覆岩破坏的钻孔观测方法[J]. 煤炭科学技术,2002,30(12):26-28.
[42] 邢延团,郑纲,马培智. 井下仰孔注水测漏法探测导水裂隙带高度的研究[J]. 煤田地质与勘探,2004(Z1):186-190.
[43] 张华兴,张刚艳,许延春. 覆岩破坏裂缝探测技术的新进展[J]. 煤炭科学技术,2005,33(9):60-62,56.
[44] 张玉军,李凤明. 高强度综放开采采动覆岩破坏高度及裂隙发育演化监测分析[J]. 岩石力学与工程学报,2011(S1):2994-3001.
[45] 刘武皓,文学宽. 地球物理勘探在探测煤矿采空区覆岩"两带"中的应用[J]. 北京地质,1999,11(1):18-24.
[46] 孙少平,巩固,贾昆鹏,等. 测井方法在观测采空区上覆岩层导水裂隙带发育高度中的应用[J]. 中国煤炭地质,2011,23(1):55-58.
[47] 汪华君. 覆岩导水裂隙带井下微地震监测研究[J]. 矿业快报,2006,22(3):27-29.
[48] 汪华君,姜福兴,成云海,等. 覆岩导水裂隙带高度的微地震(MS)监测研究[J]. 煤炭工程,2006(3):74-76.

[49] 王屹.微震监测技术在煤矿水情监测中的应用[J].河北煤炭,2012(5):14-16.

[50] 许延春,李俊成,刘世奇,等.综放开采覆岩“两带”高度的计算公式及适用性分析[J].煤矿开采,2011,16(2):4-7.

[51] CHRIS TIAN W,ROB B,AMEZAGA J M,et al. Contemporary reviews of mine water studies in Europe,part 1[J]. Mine Water and the Environment,2004,23(4):162-182.

[52] CHRIS TIAN W,ROB B,AMEZAGA J M,et al. Contemporary reviews of mine water studies in Europe,part 2[J]. Mine Water and the Environment,2005,24(1):2-37.

[53] ADAMS R,YOUNGER P L. Strategy for modeling ground water rebound in abandoned deep mine system[J]. Ground Water,1997,39(2):249-261.

[54] DANIEL M. Using aquaculture as a post-mining land use in West Virginia [J]. Mine and Environment,2008,27(2):122-126.

[55] BOOTH C J. Groundwater as an environmental constraint of long wall coal mining[J]. Environmental Geology,2006,49(6):796-803.

[56] PAUL L Y, CH RISTIAN W. Mining impacts on the fresh water environmental: technical and managerial guidelines for catchment scale management[J]. Mine Water and the Environment,2004,23(S1):2-80.

[57] DAVID B, PAUL L Y, STEVE P, et al. The historical use of mine-drainage and pyrite-oxidation water in central and eastern England, United Kingdom [J] . Hydrogeology Journal,1996,4(4):55-68.

[58] MULL R. Groundwater protection zone[J]. GeoJournal,1981,16(5):473-481.

[59] PFAFFENBERGER W, SCHEELE U. Environmental aspects of water price formation:an empirical investigation of the cost of groundwater protection[J]. Environmental and Resource Economics,1992,2(3):323-339.

[60] VOZNJUK G G, GORS HKOV V A. Mine water utilization in the USSR national economy[J]. Mine Water and Environment,1983,2(1):23-30.

[61] KOVALEVSKY V S. Trends in the long term variability of groundwater discharge[J]. GeoJournal,1992,27(3):269-274.

[62] GORSHKOV V A, KH ARIONOVSKY A A. Main methods and techniques of mine water treatment in the USSR[J]. International Journal of Mine Water,1982,1(4):27-34.

[63] ISMO J H, ANNA-LIISA H, HEIKKI H, et al. Effects of mining in-

dustry waste waters on a shallow lake ecosystem in Karelia, north-west Russia[J]. Hydrobiologia,2003,506-509(1):111-119.
[64] 韩树青,范立民,杨保国. 开发陕北侏罗纪煤田几个水文地质工程地质问题分析[J]. 中国煤田地质,1992,4(1):49-52.
[65] 范立民. 神木矿区的主要环境地质问题[J]. 水文地质工程地质,1992,19(6):37-40.
[66] 范立民. 煤田开发的环境效应——以陕北神木北部矿区为例[J]. 中国煤炭地质,1994,6(4):63-66.
[67] 范立民. 先保水后采煤[N]. 光明日报,2000-06-19.
[68] 钱鸣高,许家林,缪协兴. 煤矿绿色开采技术[J]. 中国矿业大学学报,2003,32(4):343-348.
[69] 钱鸣高. 绿色开采的概念与技术体系[J]. 煤炭科技,2004(4):1-3.
[70] 钱鸣高,许家林,缪协兴. 煤矿绿色开采技术的研究与实践[J]. 能源技术与管理,2004(1):1-4.
[71] 钱鸣高,缪协兴,许家林. 资源与环境协调(绿色)开采及其技术体系[J]. 采矿与安全工程学报,2006,23(1):1-5.
[72] 钱鸣高,缪协兴,许家林,等. 论科学采矿[J]. 采矿与安全工程学报,2008,25(1):1-10.
[73] 钱鸣高. 煤炭的科学开采及有关问题的讨论[J]. 中国煤炭,2008,34(8):5-10.
[74] 钱鸣高. 煤炭的科学产能和科学开采[J]. 能源评论,2011(5):96-103.
[75] 谢和平,钱鸣高,彭苏萍. 中国煤炭及科学产能发展的战略研究[C]//科技创新促进中国能源可持续发展. 北京:化学工业出版社,2010:26-31.
[76] 李文平,叶贵钧,张莱,等. 陕北榆神府矿区保水采煤工程地质条件研究[J]. 煤炭学报,2000,25(5):449-454.
[77] 叶贵钧,张莱,李文平. 陕北榆神府矿区煤炭资源开发主要水工环问题及防治对策[J]. 工程地质学报,2000,8(4):446-445.
[78] 缪协兴,王安,孙亚军,等. 干旱半干旱矿区水资源保护性采煤基础与应用研究[J]. 岩石力学与工程学报,2009,28(2):217-227.
[79] 缪协兴,浦海,白海波. 隔水关键层原理及其在保水采煤中的应用研究[J]. 中国矿业大学学报,2008,37(1):1-4.
[80] 李旺林,束龙仓,殷宗泽. 地下水库的概念和设计理论[J]. 水利学报,2006,37(5):613-618.
[81] 王双明,黄庆享,范立民,等. 生态脆弱矿区含(隔)水层特征及保水开采分区研究[J]. 煤炭学报,2010,35(1):7-14.

[82] 王启庆,李文平,李涛.陕北生态脆弱区保水采煤地质条件分区类型研究[J].工程地质学报,2014,22(3):515-521.

[83] 顾大钊,张建民,王振荣,等.神东矿区地下水变化观测与分析研究[J].煤田地质与勘探,2013,41(4):35-39.

[84] 缪协兴,陈荣华,浦海,等.采场覆岩厚关键层破断与冒落规律分析[J].岩石力学与工程学报,2005,24(8):1289-1295.

[85] 缪协兴,陈荣华,白海波.保水开采隔水关键层的基本概念及力学分析[J].煤炭学报,2007,32(6):561-564.

[86] 范立民,蒋泽泉.烧变岩地下水的形成及保水采煤新思路[J].煤炭工程,2006(4):40-41.

[87] 师本强,侯忠杰.榆神府矿区保水采煤的实验与数值模拟研究[J].矿业安全与环保,2005,32(4):11-13.

[88] 师本强,侯忠杰.浅埋煤层覆岩中断层对保水采煤的影响及防治[J].湖南科技大学学报(自然科学版),2009,24(3):1-5.

[89] 张吉雄,缪协兴,郭广礼.矸石(固体废物)直接充填采煤技术发展现状[J].采矿与安全工程学报,2009,26(4):395-401.

[90] 缪协兴,王安,孙亚军,等.干旱半干旱矿区水资源保护性采煤基础与应用研究[J].岩石力学与工程学报,2009,28(2):217-227.

[91] 宋世杰,燕建龙,聂文杰,等.一种利用帷幕灌浆技术实现保水采煤的方法:CN102767371A[P].2012-06-25.

[92] 潘卫东,季文博.煤矿井下充填保水开采的技术模式探讨[J].煤炭科学技术,2009,37(8):11-13.

[93] 刘建功,赵利涛.基于充填采煤的保水开采理论与实践应用[J].煤炭学报,2014,39(8):1545-1551.

[94] 顾大钊.煤矿地下水库理论框架和技术体系[J].煤炭学报,2015,40(2):239-246.

[95] 孙才志,潘俊.地下水脆弱性的概念、评价方法与研究前景[J].水科学进展,1999,10(4):444-449.

[96] 董文婉.国外环境影响评价概述及国内外工作程序的比较[J].科技视界,2013(31):316.

[97] CARBONELL A. Groundwater vulnerability assessment predicting relative contamination potential under conditions uncertainty [C]//Committee on techniques for assessing groundwater vulnerability. Washington, D.C.: National Research Council, National Academy Press,1993.

[98] SLACK K V. Methods for collection and analysis of aquatic biological

and microbiological samples[J]. Techniques of Water Resources Investigations,1987,5(A4).
[99] STONER J D. Probable hydrologic effects of subsurface mining[J]. Groundwater Monitoring & Remediation,1983,3(1):128-137.
[100] LINES G C, MORRISSEY D J. Hydrology of the Ferron sandstone aquifer and effects of proposed surface-coal mining in Castle Valley, Utah [R]. Geological Survey, Reston, VA (USA), 1983.
[101] BOOTH C J. Strata-movement concepts and the hydrogeological impact of underground coal mining[J]. Groundwater,1986,24(4):507-515.
[102] 赫佐 D J,福斯格伦 F M. 如何评价矿山废弃物对地下水和地表水的潜在影响[J]. 国外金属矿山,1997,22(2):57-60.
[103] 赫佐 D J,福斯格伦 F M. 评估矿山废弃物对地下及地面水的潜在影响[J]. 国外金属矿山,1995,20(12):57-61.
[104] 迈库劳奇 C M,奈恩 J P. 如何确定采矿生产对地表水及地下水的影响[J]. 国外金属矿山,1997,22(1):64-68.
[105] 王秉忱. 地下水资源保护与地下水环境影响评价问题[J]. 长春地质学院学报,1984(3):83-89.
[106] 中华人民共和国环境保护部. 环境影响评价技术导则 地下水环境:HJ 610—2011 [S]. 北京:中国环境科学出版社,2011.
[107] 潘天杭. 用降落漏斗体积法求潜水含水层中抽水时之影响半径[J]. 水文地质工程地质,1957(9):43-44.
[108] 张子文. 稳定降落漏斗中心最大下降及其体积计算方法探讨[J]. 工程勘察,1989(3):34-36.
[109] 王好勤. 煤炭城市要"与煤谋水"[J]. 煤炭经济研究,1990(12):60-61.
[110] 孟磊,冯启言. 煤矿区地下水环境问题与保护[C]//第六届中国水论坛文集. 成都:[出版者不详],2008.
[111] 张伟,张永波,王兆亮. 煤矿采煤对地下水资源的影响评价[J]. 科学之友(中),2011(12):7-8.
[112] 李杨. 浅埋煤层开采覆岩移动规律及对地下水影响研究[D]. 北京:中国矿业大学(北京),2012.
[113] 韩程辉. 矿山开采对地下水资源的影响及水质评价[D]. 阜新:辽宁工程技术大学,2004.
[114] 张长春,邵景力,李慈君,等. 地下水位生态环境效应及生态环境指标[J]. 水文地质工程地质,2003,30(3):6-10.
[115] 刘怀忠. 煤矿开采对矿区地下水系统扰动的定量评价研究[D]. 徐州:中国

矿业大学,2011.

[116] 乔小娟,李国敏,周金龙,等.采煤对地下水资源与环境的影响分析——以山西太原西山煤矿开采区为例[J].水资源保护,2010,26(1):49-52.

[117] 李莹.陕北煤炭分布区地下水资源与煤炭开采引起的水文生态效应[D].西安:长安大学,2008.

[118] 吴喜军.煤炭开采地区河道径流变化与生态基流研究——以陕北窟野河流域为例[D].西安:西安理工大学,2013.

[119] 赵春虎.陕蒙煤炭开采对地下水环境系统扰动机理及评价研究[D].北京:煤炭科学研究总院,2016.

[120] 李思田,李祯,林畅松,等.含煤盆地层序地层分析的几个基本问题[J].煤田地质与勘探,1993,21(4):1-9.

[121] 王双明,范立民,黄庆享,等.生态脆弱矿区大型煤炭基地建设的新思路[J].科学中国人,2009(11):122-123.

[122] 候广才,张茂省,刘方,等.鄂尔多斯盆地地下水勘查研究[M].北京:地质出版社,2008:82-83.

[123] 黄金廷.鄂尔多斯盆地沙漠高原区降雨入渗补给地下水研究[D].西安:长安大学,2006.

[124] 王双明,黄庆享,范立民,等.生态脆弱区煤炭开发与生态水位保护[M].北京:科学出版社,2010.

[125] 中国地质调查局.地下水系统划分导则:GWIGWI-A5[S/OL].http://www.doc88.com/p-01069781482.html.

[126] 王大纯.水文地质学基础[M].北京:地质出版社,1986.

[127] 李明亮.试谈采场矿山压力及其控制[J].煤炭技术,2002,21(9):76-77.

[128] 钱鸣高,何富连,王作棠,等.再论采场矿山压力理论[J].中国矿业大学学报,1994(3):1-9.

[129] 隋旺华.开采沉陷土体变形工程地质研究[M].徐州:中国矿业大学出版社,1999.

[130] 钱鸣高,茅献彪,缪协兴.采场覆岩中关键层上载荷的变化规律[J].煤炭学报,1998,23(2):135-139.

[131] 缪协兴,钱鸣高.采动岩体的关键层理论研究新进展[J].中国矿业大学学报,2000,29(1):25-29.

[132] 李涛.陕北煤炭大规模开采含隔水层结构变异及水资源动态研究[D].徐州:中国矿业大学,2012.

[133] DU W, PENG S, ZHU G, et al. Time-lapse geophysical technology-based study on overburden strata changes induced by modern coal min-

ing[J]. International Journal of Coal Science & Technology,2014,1(2):184-191.

[134] 邢正全,祝传广,薛继群,等.概率积分法用于开采沉陷预计时参数求取方法研究现状[J/OL].[2010-07-05]. http://www. paper. edu. cn/html/releasepaper/2010/07/83/.

[135] 金丰年,钱七虎.岩石的单轴拉伸及其本构模型[J].岩土工程学报,1998,20(6):5-8.

[136] 杨天鸿,唐春安,刘红元,等.承压水底板突水失稳过程的数值模型初探[J].地质力学学报,2004,9(3):281-288.

[137] 薛禹群,朱学愚.地下水动力学[M].北京:地质出版社,1979.

[138] 赵贵章.鄂尔多斯盆地风沙滩地区包气带水-地下水转化机理研究[D].西安:长安大学,2011.

[139] CHU WEIJIANG, XU WEIYA, SU JINGBO. Study on solid-fluid-coupled model and numerical simulation for deformation porous media[J]. Engineering Mechanics,2007,24(9):56-64.

[140] 苑莲菊,李振全,武胜忠,等.工程渗流力学及应用[M].北京:中国建材工业出版社,2001.

[141] GU C S,SU H Z,ZHOU H. Study of coupling model of seepage field and stress-field for rolled control concrete dam[J]. Applied Mathematics and Mechanics(English Edition),2005,26(3):355-363.

[142] XIE KANGHE,ZHOU JIAN. The Geotechnical Engineering Theory and Application of the Finite Element Analysis[M]. Beijing: Science Press,2002:2-17.

[143] 缪俊发,张瑞,姚迎.渗流力学[M].上海:上海科学技术文献出版社,1996.

[144] LI DIYUAN,LI XIBING, ZHANG WEI,et al. Stability analysis of surrounding rock of multi-arch tunnel based on coupled fluid-solid theorem[J]. Chinese Journal of Rock Mechanics and Engineering,2005,24(10):1703-1707.

[145] 周远田.岩石应力与渗透率的关系[J].岩石力学与工程学报,1998,17(4):393-399.

[146] 朱万成,魏晨慧,张福壮,等.流固耦合模型用于陷落柱突水的数值模拟研究[J].地下空间与工程学报,2009,5(5):928-933.

[147] RUTQVIST J, TSANG C F. A study of cap rock hydromechanical changes associated with CO_2-injection into a brine formation[J]. Envi-

ronmental Geology,2002,42(2):296-305.
[148] TANG C A, YANG T H, THAM L G, et al. Coupled analysis of flow, stress and damage (FSD) in rock failure [J]. International Journal of Rock Mechanics & Mining Sciences,2002,39(4):477-489.
[149] 薛强,梁冰,马士进.边坡失稳系统的固流耦合模型[J].山东科技大学学报(自然科学版),2001,20(2):87-89.
[150] 朱万成,魏晨慧,田军,等.岩石损伤过程中的热-流-力耦合模型及其应用初探[J].岩土力学,2009,30(12):3851-3857.
[151] 林学钰."地下水科学与工程"学科形成的历史沿革及其发展前景[J].吉林大学学报(地球科学版),2007,37(2):209-215.
[152] 陈怡西,周中海.隧道涌水量基于 MODFLOW 中 DRAIN 模块水力传导系数取值探析[J].人民珠江,2016,37(4):80-83.
[153] 王双明,范立民,黄庆享,等.基于生态水位保护的陕北煤炭开采条件分区[J].矿业安全与环保,2010,37(3):81-83.
[154] 范立民,马雄德,杨泽元.论榆神府区煤炭开发的生态水位保护[J].矿床地质,2010,29(S1):1043-1044.
[155] 汤洁,卞建民,林年丰,等. GIS-PModflow 联合系统在松嫩平原西部潜水环境预警中的应用[J].水科学进展,2006,17(4):483-489.
[156] 莫樊,郁钟铭,吴桂义,等.煤矿矿井水资源化利用[J].煤炭工程,2009(6):103-105.
[157] 孙璐,姚一夫.酸性矿井水的治理方法研究进展[J].环境保护与循环经济,2012(6):38-41.
[158] 许敦强,赵志强.矿井水综合利用技术研究与应用[J].山东煤炭科技,2013(4):57-59.
[159] 蔡昌凤,罗亚楠,张亚飞,等.污泥厌氧发酵-硫酸盐还原菌耦合体系产电性能和处理酸性矿井水的研究[J].煤炭学报,2013,38(S2):453-459.
[160] 韩宝宝.矿井水处理工艺——旋流澄清+过滤[J].山西科技,2013,28(5):142-143.
[161] 马国芳,程国斌.全向流分离工艺在矿井水处理工程中的应用[J].煤炭工程,2012(11):53-55.
[162] 唐青松,张日晨,刘治明,等.矿井水资源化技术综述[J].中国科技信息,2008(21):82-83.
[163] 邵晨钟,吕华浦.高矿化度矿井水处理与利用工程实例[J].水处理技术,2012,38(6):129-132.
[164] 谭金生,黄昌凤,郭中权.高悬浮物高矿化度矿井水处理工艺及工程实践

[J].能源环境保护,2013,27(3):30-33.
[165] 姜艳.高硫酸盐矿井水处理研究[J].环境工程,2011(29):111-113.
[166] 李凤山,杨磊,马甜甜.电吸附工艺在矿井水处理中的应用研究[J].煤炭工程,2012(4):67-69.
[167] 何绪文,杨静,邵立南,等.我国矿井水资源化利用存在的问题与解决对策[J].煤炭学报,2008,33(1):63-66.
[168] 曹海东,刘峰,李泉.神东矿区矿井水开发利用潜力研究[J].煤炭工程,2010(1):95-98.